ABITUR Skript

Mathematik

Gymnasium
Baden-Württemberg

STARK

www.stark-verlag.de
1. Auflage 2013

Inhalt

Analysis

Analytische Geometrie

Stochastik

Vorwort

Liebe Schülerin, lieber Schüler,

dieses handliche Buch bietet Ihnen einen Leitfaden zu allen wesentlichen Inhalten, die Sie im Mathematik-Abitur benötigen. Es führt Sie systematisch durch den Abiturstoff der Prüfungsgebiete Analysis, Analytische Geometrie und Stochastik und begleitet Sie somit optimal bei Ihrer Abiturvorbereitung. Ein Großteil der Inhalte dieses Buches wird auch im Pflichtteil abgefragt. Durch seinen klar strukturierten Aufbau eignet sich dieses Buch besonders zur Auffrischung und Wiederholung des Prüfungsstoffs kurz vor dem Abitur.

- **Definitionen** und **Regeln** sind durch einen grauen Balken am Rand gekennzeichnet, wichtige **Begriffe** sind durch Fettdruck hervorgehoben.
- Zahlreiche **Abbildungen** veranschaulichen den jeweiligen Lerninhalt.
- Passgenaue **Beispiele** verdeutlichen die Theorie. Sie sind durch das Symbol gekennzeichnet.
- Zu typischen Grundaufgaben wird die **Vorgehensweise** Schritt für Schritt beschrieben.
- Das **Stichwortverzeichnis** führt schnell und treffsicher zum jeweiligen Stoffinhalt.

Viel Erfolg bei der Abiturprüfung!

STARK Verlag

Ausführliche Erläuterungen sowie viele Übungsaufgaben finden Sie in unseren Abitur-Trainingsbänden:

- Abitur-Training Analysis Pflichtteil (Bestell-Nr. 840018)
- Abitur-Training Analysis Wahlteil (Bestell-Nr. 840028)
- Abitur-Training Analytische Geometrie (Bestell-Nr. 840038)
- Abitur-Training Stochastik (Bestell-Nr. 840091)

Die offiziellen Prüfungsaufgaben der letzten Jahre mit vollständigen Lösungen enthält das Buch „Abiturprüfung Baden-Württemberg, Mathematik“ (Bestell-Nr. 85001).

Analysis

1 Gleichungen

1.1 Quadratische Gleichungen

Die Lösungen einer quadratischen Gleichung $x^2 + px + q = 0$ lauten:

$x_{1;2} = -\frac{p}{2} \pm \sqrt{\left(\frac{p}{2}\right)^2 - q}$

Je nachdem, ob die Diskriminante ($\triangleq$ Term unter der Wurzel) größer, gleich oder kleiner 0 ist, hat die Gleichung zwei, eine oder keine Lösung.

Bei manchen Gleichungen muss zunächst eine Substitution durchgeführt werden, um die Lösungsformel für quadratische Gleichungen anwenden zu können (vgl. Abschnitt 1.3).

1.2 Exponentialgleichungen

Eine Exponentialgleichung wird durch Logarithmieren mithilfe der ln-Funktion gelöst.

Für die e- und die ln-Funktion gelten folgende Rechenregeln:

$e^x \cdot e^y = e^{x+y}$ $\quad e^x : e^y = e^{x-y}$ $\quad e^{-x} = \frac{1}{e^x}$ $\quad (e^x)^y = e^{x \cdot y}$

$e^{\ln x} = x$ $\quad \ln e^x = x$ $\quad e^0 = 1$ $\quad \ln 1 = 0$

$$\begin{aligned}
& \frac{9}{e^x} - 3e^{2x} = 0 && \mid \cdot e^x \quad (\neq 0) \\
\Leftrightarrow\ & 9 - 3e^{3x} = 0 && \\
\Leftrightarrow\ & 3e^{3x} = 9 && \mid : 3 \\
\Leftrightarrow\ & e^{3x} = 3 && \mid \text{Logarithmieren} \\
\Leftrightarrow\ & 3x = \ln 3 && \mid : 3 \\
\Leftrightarrow\ & x = \tfrac{1}{3}\ln 3 && \Rightarrow\ L = \left\{\tfrac{1}{3}\ln 3\right\}
\end{aligned}$$

1.3 Nullprodukt und Substitution

Oft lassen sich kompliziertere Gleichungen vereinfachen, indem man sie durch Ausklammern auf ein „Nullprodukt" bringt oder mithilfe einer Substitution auf eine quadratische Gleichung zurückführt.

Satz vom Nullprodukt
Ein Produkt ist genau dann gleich 0, wenn einer der Faktoren null ist:
$a \cdot b = 0 \;\Leftrightarrow\; a = 0 \text{ oder } b = 0$

Lösen Sie für $0 \le x \le 2\pi$ die Gleichung $2e^x \cdot \cos x + 2e^x = 0$.

$$\begin{aligned} & 2e^x \cdot \cos x + 2e^x = 0 && \mid 2e^x \text{ ausklammern} \\ \Leftrightarrow\; & 2e^x \cdot (\cos x + 1) = 0 && \mid 2e^x \neq 0 \\ \Leftrightarrow\; & \cos x = -1 && \mid 0 \le x \le 2\pi \\ \Leftrightarrow\; & x = \pi && \Rightarrow\; L = \{\pi\} \end{aligned}$$

Gleichungen lösen durch Substitution
Schritt 1: Gleichung ggf. auf die Form $x^{2n} + px^n + q = 0$ bzw. $e^{2x} + pe^x + q = 0$ bringen

Schritt 2: Substitution $u = x^n$ bzw. $u = e^x$

Schritt 3: Lösungen u_1 und u_2 der quadratischen Gleichung $u^2 + pu + q = 0$ bestimmen, falls vorhanden

Schritt 4: Rücksubstitution $x^n = u_1$ oder $x^n = u_2$ bzw. $e^x = u_1$ oder $e^x = u_2$ und Lösen dieser Gleichungen

Bestimmen Sie die Lösungen der Gleichung $\frac{6}{e^x} - 7 + e^x = 0$.
Schritt 1:

$$\begin{aligned} & \frac{6}{e^x} - 7 + e^x = 0 && \mid \cdot e^x \;(\neq 0) \text{ und umordnen} \\ \Leftrightarrow\; & e^{2x} - 7e^x + 6 = 0 \end{aligned}$$

Schritt 2: Substitution $u = e^x$

Schritt 3:

$$u^2 - 7u + 6 = 0 \;\Leftrightarrow\; u_{1;2} = \frac{7}{2} \pm \sqrt{\left(\frac{7}{2}\right)^2 - 6} = \frac{7}{2} \pm \sqrt{\frac{25}{4}} \;\Leftrightarrow\; u_1 = 6;\; u_2 = 1$$

Schritt 4: Rücksubstitution und Lösung

$$\left.\begin{aligned} (1)\;\; & e^x = 6 \;\Leftrightarrow\; x = \ln 6 \\ (2)\;\; & e^x = 1 \;\Leftrightarrow\; x = \ln 1 = 0 \end{aligned}\right\} \;\Rightarrow\; L = \{0; \ln 6\}$$

2 Elementare Funktionen und ihre Eigenschaften

2.1 Ganzrationale Funktionen

Unter einer ganzrationalen Funktion (oder Polynomfunktion) vom Grad n versteht man eine reelle Funktion der Form:

$f\colon x \mapsto a_n x^n + a_{n-1} x^{n-1} + \ldots + a_1 x + a_0$

mit $n \in \mathbb{N}$, $a_n, a_{n-1}, \ldots, a_1, a_0 \in \mathbb{R}$ und $a_n \neq 0$

Definitionsmenge: $\mathbb{D}_f = \mathbb{R}$

Die Werte $a_n, a_{n-1}, \ldots, a_1, a_0$ heißen **Koeffizienten**.
Die Nullstellen einer ganzrationalen Funktion können der Linearfaktorzerlegung entnommen werden (vgl. auch Abschnitt 2.7).

$$\begin{aligned} f(x) &= x^3 - 2x^2 - x + 2 \\ &= (x-2)(x^2-1) \\ &= (x-2)(x+1)(x-1) \end{aligned}$$

$\Rightarrow$ Nullstellen bei $x = 2$, $x = -1$ und $x = 1$

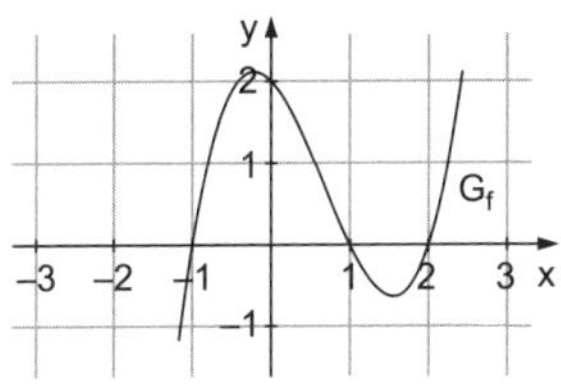

Spezialfälle

Lineare Funktion:
$f(x) = mx + t$ (Grad 1)
Graph ist eine Gerade.

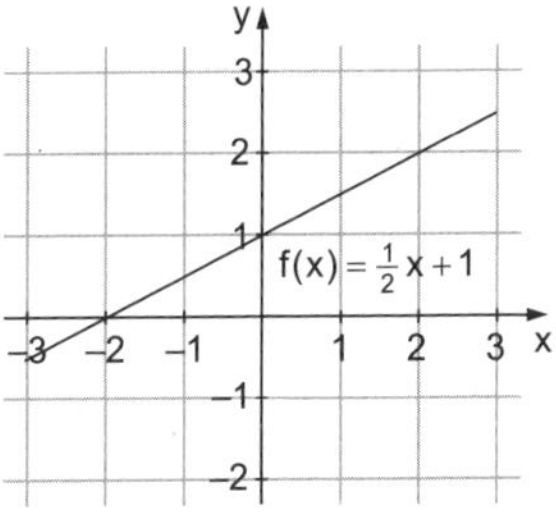

Quadratische Funktion:
$f(x) = ax^2 + bx + c$ (Grad 2)
Graph ist eine Parabel.

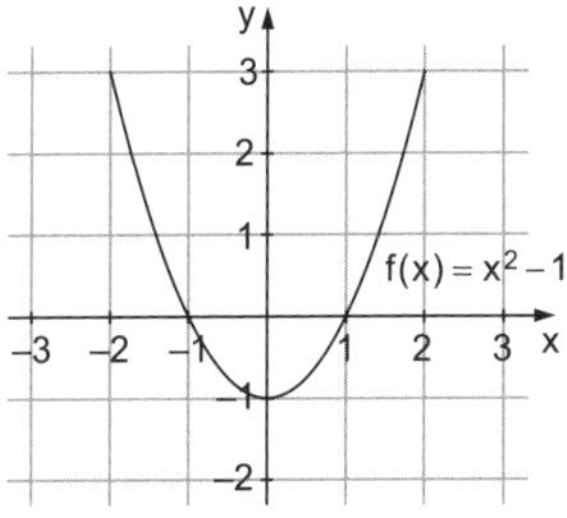

2.2 Wurzelfunktion

Unter der n-ten Wurzelfunktion versteht man eine reelle Funktion der Form:

$f: x \mapsto \sqrt[n]{x} = x^{\frac{1}{n}}$ mit $n \in \mathbb{N}$

Definitionsmenge: $\mathbb{D}_f = \mathbb{R}_0^+$

Wertemenge: $\mathbb{W}_f = \mathbb{R}_0^+$

Eigenschaften

1. Der Graph G_f verläuft für jedes n im I. Quadranten und durch den Punkt P(1 | 1).
2. Einzige Nullstelle: x = 0
3. Je größer n, desto
   - flacher verläuft G_f für x > 1.
   - steiler nähert sich G_f dem Koordinatenursprung.

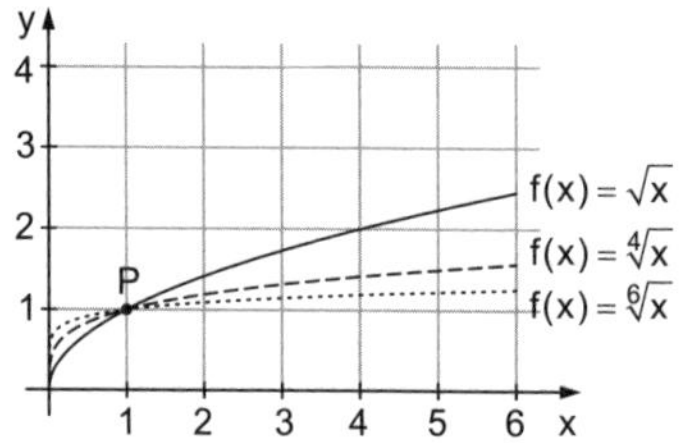

2.3 Betragsfunktion

Unter der Betragsfunktion von f(x) versteht man die Funktion |f(x)|.

Definitionsmenge: $\mathbb{D}_{|f|} = \mathbb{D}_f$

Die Wertemenge $\mathbb{W}_{|f|}$ umfasst den Betrag aller Elemente der Wertemenge von f(x).

Der Graph der Betragsfunktion |f(x)| entsteht aus dem Graphen der Funktion f(x), indem alle unterhalb der x-Achse liegenden Teile des Graphen an der x-Achse nach oben gespiegelt werden.

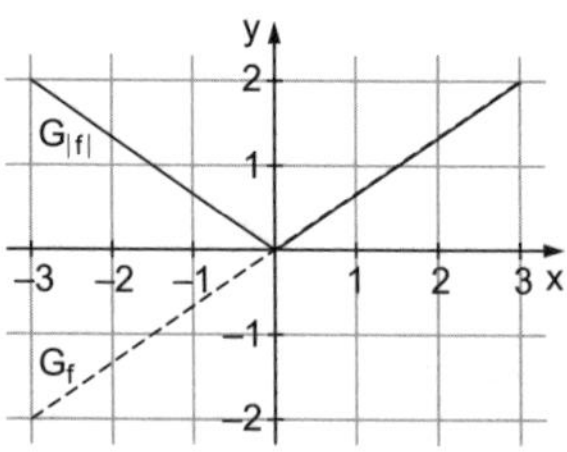

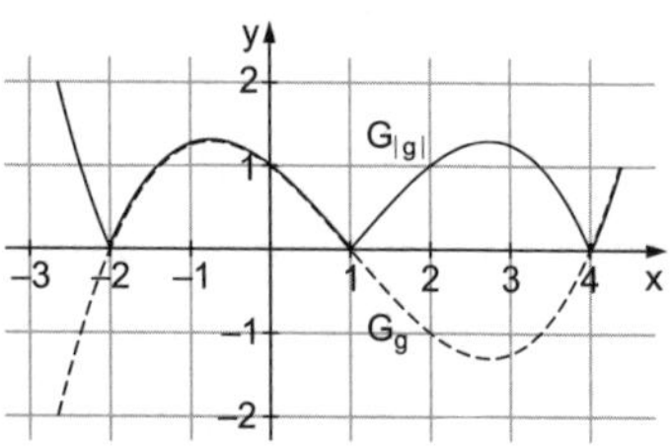

2.4 Sinus- und Kosinusfunktion (trigonometrische Funktionen)

Unter der allgemeinen Sinus- bzw. Kosinusfunktion versteht man eine Funktion der Form:
$f: x \mapsto a \cdot \sin(b \cdot (x + c)) + d$ bzw. $f: x \mapsto a \cdot \cos(b \cdot (x + c)) + d$
mit $a, b, c, d \in \mathbb{R}$ und $a \neq 0$, $b \neq 0$
Definitionsmenge: $\mathbb{D}_f = \mathbb{R}$
Wertemenge: $\mathbb{W}_f = [-a + d; a + d]$ bzw. $\mathbb{W}_f = [a + d; -a + d]$

Bedeutung der Parameter (vgl. auch Abschnitt 2.6)
a: bestimmt die Amplitude (≙ „maximaler Ausschlag nach oben bzw. unten um $|a|$“)
b: bestimmt die Periode (≙ „eine Schwingung“), $p = \frac{2\pi}{|b|}$
c: Verschiebung längs x-Achse (Phasenverschiebung)
d: Verschiebung längs y-Achse

Grundfunktionen sin x und cos x

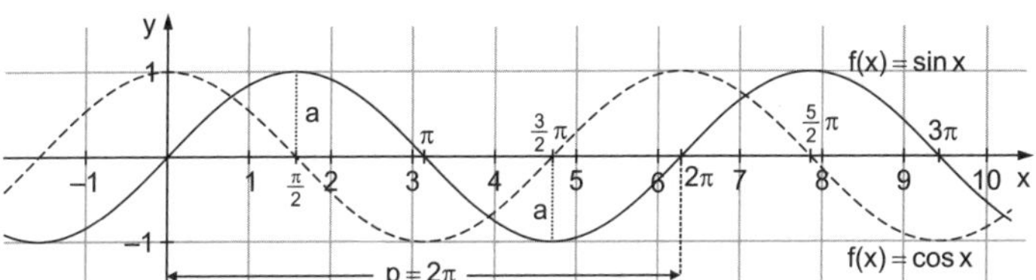

$\mathbb{W}_f = [-1; 1]$; $a = 1$; $p = 2\pi$

Nullstellen
Der Abstand zwischen zwei Nullstellen einer Sinus- bzw. Kosinusfunktion entspricht einer halben Periodenlänge und es gilt:

$\sin x = 0 \iff x = k \cdot \pi; \quad k \in \mathbb{Z} \quad (\ldots, -2\pi, -\pi, 0, \pi, 2\pi, \ldots)$

$\cos x = 0 \iff x = \frac{\pi}{2} + k \cdot \pi; \quad k \in \mathbb{Z} \quad \left(\ldots, -\frac{3}{2}\pi, -\frac{\pi}{2}, \frac{\pi}{2}, \frac{3}{2}\pi, \ldots\right)$

2.5 Natürliche Exponentialfunktion

- Die natürliche Exponentialfunktion lautet $f\colon x \mapsto e^x$.
- Definitionsmenge: $\mathbb{D}_f = \mathbb{R}$
  Wertemenge: $\mathbb{W}_f = \mathbb{R}^+$ ($e^x > 0$ für alle $x \in \mathbb{R}$)
- Die e-Funktion hat keine Nullstellen.
- Wichtige Grenzwerte:
  $\lim\limits_{x \to -\infty} e^x = 0$ ($y = 0$ ist waagrechte Asymptote) $\qquad \lim\limits_{x \to +\infty} e^x = +\infty$

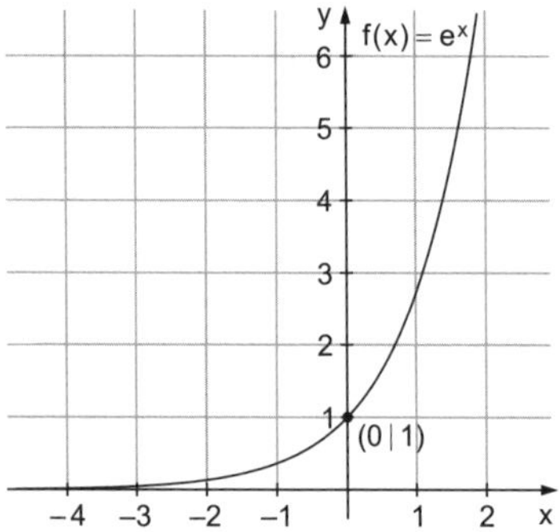

Bei der Untersuchung von Exponentialfunktionen (Bestimmung von Nullstellen etc.) müssen oft Exponentialgleichungen gelöst werden; dabei spielt die Umkehrung der e-Funktion (der natürliche Logarithmus ln x) eine wichtige Rolle, vgl. Abschnitt 1.2.

1. Bestimmen Sie die Nullstelle der Funktion $f(x) = (x+1) \cdot e^x$; $x \in \mathbb{R}$.

$$\begin{aligned} f(x) = 0 \quad &\Leftrightarrow \quad (x+1) \cdot e^x = 0 \\ &\Leftrightarrow \quad x + 1 = 0 \qquad \text{da } e^x > 0 \text{ für alle } x \in \mathbb{R} \\ &\Leftrightarrow \quad x = -1 \end{aligned}$$

2. Skizzieren Sie den Graphen der Funktion $f(x) = -e^{-x-1} + 2$; $x \in \mathbb{R}$.

Ausgehend vom Graphen oben (vgl. Abschnitt 2.6):

- Verschiebung um +1 in x-Richtung (nach rechts)
- Spiegelung an der y-Achse
- Spiegelung an der x-Achse
- Verschiebung um +2 in y-Richtung (nach oben)
- Waagrechte Asymptote $y = 2$
  $\lim\limits_{x \to +\infty} (-e^{-x-1} + 2) = 2$

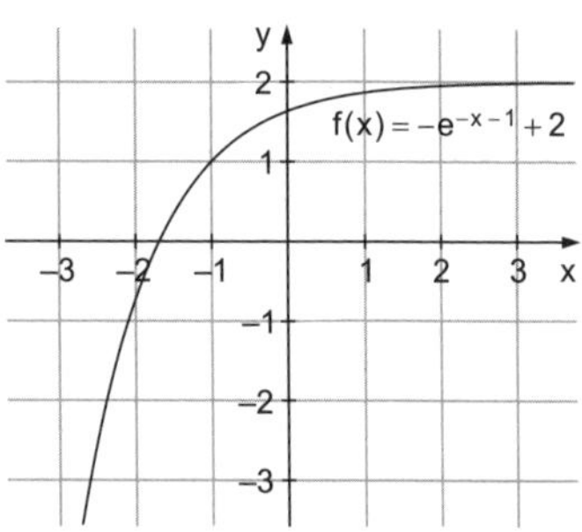

2.6 Entwicklung von Funktionen

Verschiebung von G_f in y-Richtung

Der Graph der Funktion $f(x) + d$ entsteht aus dem Graphen der Funktion $f(x)$ durch Verschiebung um $|d|$ Längeneinheiten in y-Richtung:

$f(x) \to f(x) + d$: $d > 0 \to$ Verschiebung nach oben
$d < 0 \to$ Verschiebung nach unten

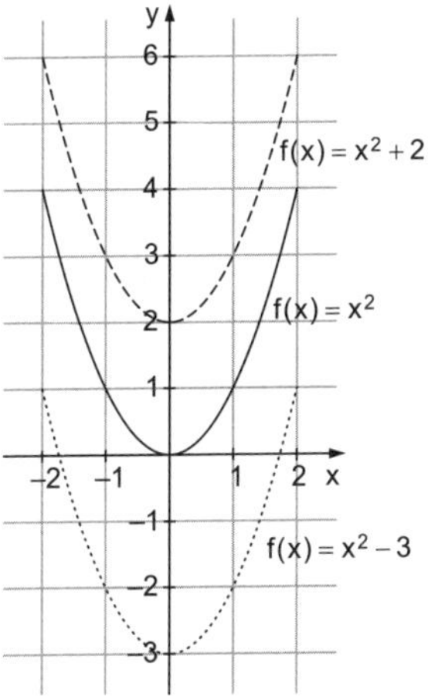

Verschiebung von G_f in x-Richtung

Der Graph der Funktion $f(x + c)$ entsteht aus dem Graphen der Funktion $f(x)$ durch Verschiebung um $|c|$ Längeneinheiten in x-Richtung:

$f(x) \to f(x + c)$: $c > 0 \to$ Verschiebung nach links
$c < 0 \to$ Verschiebung nach rechts

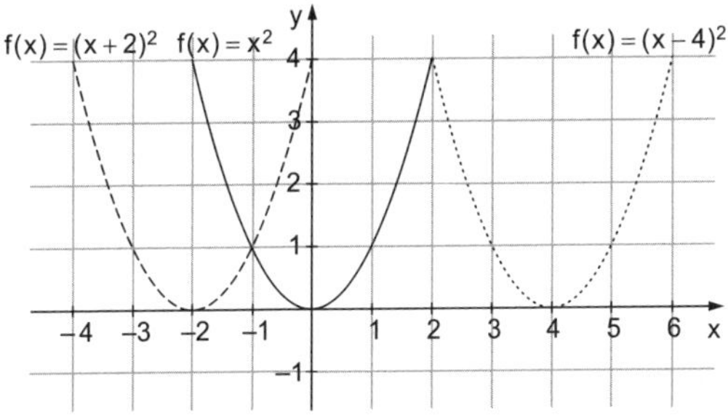

Streckung/Stauchung von G_f in y-Richtung

Der Graph der Funktion $a \cdot f(x)$ entsteht aus dem Graphen der Funktion $f(x)$ durch vertikale Streckung bzw. Stauchung mit dem Faktor $|a|$:

$f(x) \to a \cdot f(x)$ mit $a > 0$: $a > 1 \to$ Streckung
$0 < a < 1 \to$ Stauchung

$f(x) \to -a \cdot f(x)$: zusätzliche Spiegelung an der x-Achse

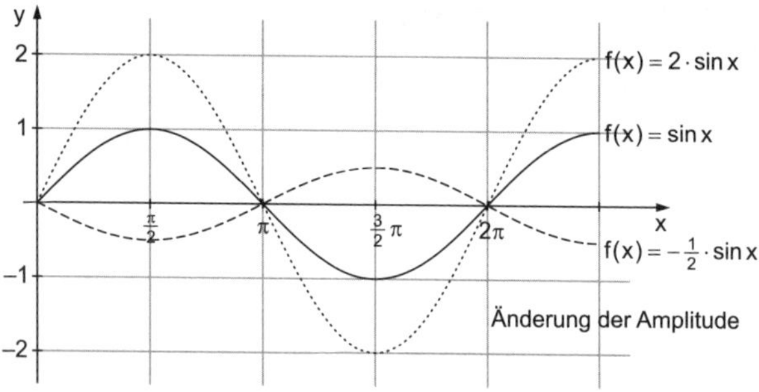

Streckung/Stauchung von G_f in x-Richtung

Der Graph der Funktion $f(b \cdot x)$ entsteht aus dem Graphen der Funktion $f(x)$ durch horizontale Streckung bzw. Stauchung mit dem Faktor $|b|$:

$f(x) \to f(b \cdot x)$ mit $b > 0$: $b > 1 \to$ Stauchung
$0 < b < 1 \to$ Streckung

$f(x) \to f(-b \cdot x)$: zusätzliche Spiegelung an der y-Achse

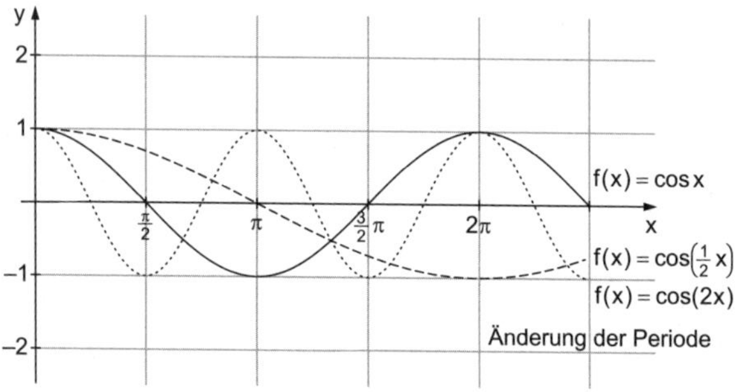

Durch Kombination der verschiedenen Änderungen erhält man aus den Grundfunktionen zahlreiche neue Funktionen.

2.7 Vielfachheit von Nullstellen

Nullstellen ungerader Ordnung

- Eine Funktion f(x) hat an der Stelle x_0 eine Nullstelle ungerader Ordnung, wenn der zugehörige Linearfaktor $(x - x_0)$ in der Linearfaktorzerlegung von f(x) eine ungerade Potenz (1, 3, 5, …) besitzt.
- Der Graph G_f weist bei x_0 einen Vorzeichenwechsel (VZW) auf.

Nullstellen gerader Ordnung

- Eine Funktion f(x) hat an der Stelle x_0 eine Nullstelle gerader Ordnung, wenn der zugehörige Linearfaktor $(x - x_0)$ in der Linearfaktorzerlegung von f(x) eine gerade Potenz (2, 4, 6, …) besitzt.
- Der Graph G_f weist bei x_0 keinen Vorzeichenwechsel (VZW) auf.

einfache Nullstelle bei x = 1

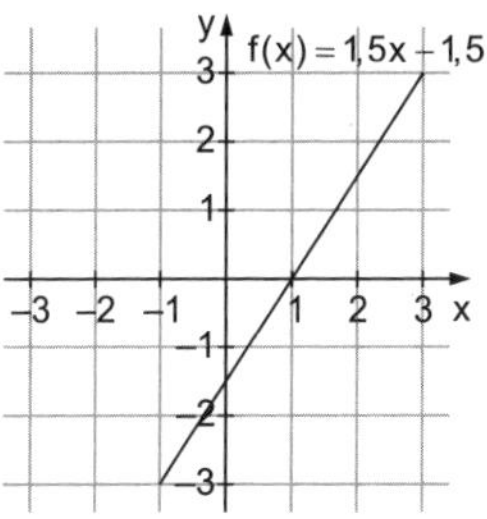

Nullstelle mit VZW;
G_f schneidet die x-Achse.

doppelte Nullstelle bei x = 1

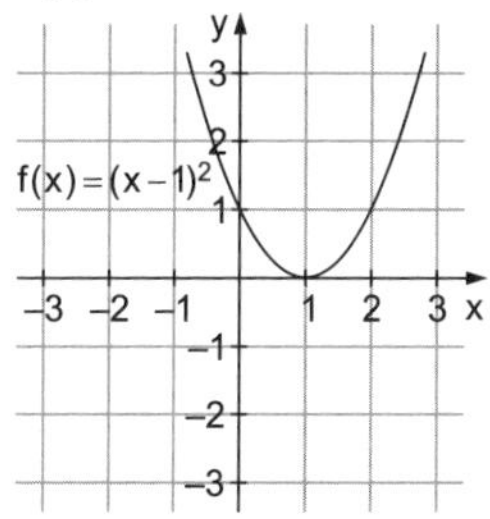

Nullstelle ohne VZW;
G_f berührt die x-Achse.

dreifache Nullstelle bei x = 0

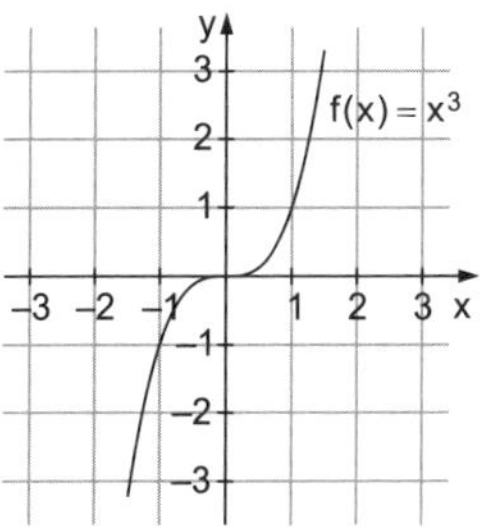

Nullstelle mit VZW;
G_f verläuft durch die x-Achse.

vierfache Nullstelle bei x = –1

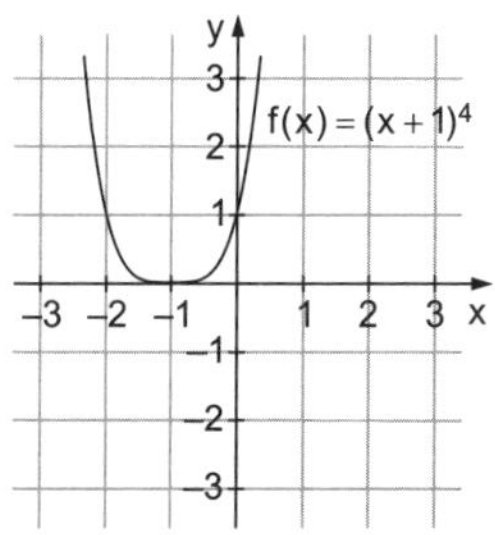

Nullstelle ohne VZW;
G_f berührt die x-Achse.

Nullstellen mit Vielfachheiten der Funktion $f(x) = \frac{x^5}{10}(x+3)^2(x-2)$:

$x = 0$: fünffache Nullstelle (VZW)

$x = -3$: doppelte Nullstelle (kein VZW)

$x = 2$: einfache Nullstelle (VZW)

2.8 Symmetrie (bzgl. des Koordinatensystems)

Der Graph einer reellen Funktion ist

(1) **achsensymmetrisch** (bzgl. der y-Achse), wenn gilt:
$f(-x) = f(x)$ für alle $x \in \mathbb{D}_f$

(2) **punktsymmetrisch** (bzgl. des Ursprungs), wenn gilt:
$f(-x) = -f(x)$ für alle $x \in \mathbb{D}_f$

(1)

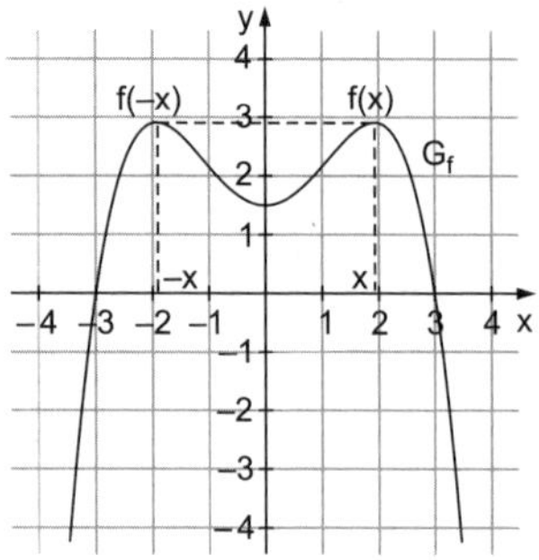

(2)

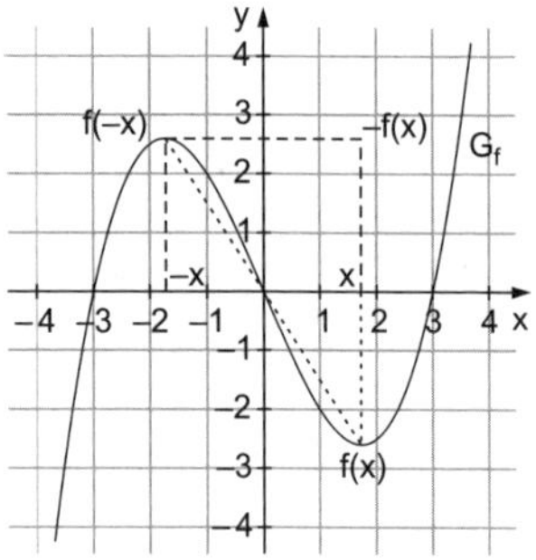

Rechnerisch überprüft man eine Funktion auf Symmetrie, indem man $(-x)$ statt x in den Funktionsterm einsetzt.

Symmetrieuntersuchung der Funktion $f(x) = -\frac{1}{10}x^2(x^2-9)$:

$f(-x) = -\frac{1}{10}(-x)^2((-x)^2-9) = -\frac{1}{10}x^2(x^2-9) = f(x)$

$\Rightarrow$ G_f ist achsensymmetrisch bzgl. der y-Achse.

Merkregel: Eine ganzrationale Funktion ist

- achsensymmetrisch, wenn die x-Terme nur in geraden Potenzen im Funktionsterm vorkommen.
- punktsymmetrisch, wenn die x-Terme nur in ungeraden Potenzen im Funktionsterm vorkommen und f(x) kein konstantes Glied enthält.

3 Gebrochenrationale Funktionen

3.1 Nullstellen und Polstellen

Eine gebrochenrationale Funktion f ist der Quotient zweier ganzrationaler Funktionen u(x) und v(x):

$f\colon x \mapsto \frac{u(x)}{v(x)}$ mit $\mathbb{D}_f = \mathbb{R} \setminus \{\text{Nullstellen des Nenners } v(x)\}$

Nullstellen des Nenners v(x) sind Definitionslücken und *mögliche* Polstellen der Funktion f.
Nullstellen des Zählers u(x) sind *mögliche* Nullstellen der Funktion f.

Eine **Nullstelle** des Zählers ist nur dann Nullstelle der Funktion f, wenn sie nicht zugleich Nullstelle des Nenners ist.

Eine Definitionslücke x_0 (Nullstelle des Nenners) heißt **Polstelle**, falls

- x_0 keine Nullstelle des Zählers ist oder
- x_0 zugleich Nullstelle des Zählers und die Vielfachheit der Nullstelle im Nenner größer als die Vielfachheit der Nullstelle im Zähler ist.

Andernfalls ist x_0 eine **(be)hebbare Definitionslücke**.
Analog zu Nullstellen betrachtet man Polstellen mit ihrer Vielfachheit.

Geben Sie den Definitionsbereich und die Nullstellen der Funktion f sowie die Art der Definitionslücken an.

1. $f(x) = \frac{x-1}{(x+2)(x-3)^2}$

$v(x) = (x+2)(x-3)^2 = 0$

$\Leftrightarrow \quad x = -2 \text{ oder } x = 3$

$\Rightarrow \quad \mathbb{D}_f = \mathbb{R} \setminus \{-2; 3\}$

$u(x) = x - 1 = 0$

$\Leftrightarrow \quad x = 1$

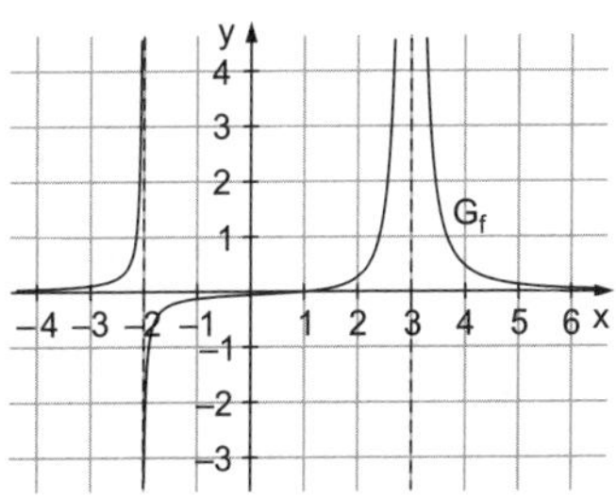

Die Funktion f besitzt

- bei $x = 1$ eine einfache Nullstelle,
- bei $x = -2$ eine einfache Polstelle und
- bei $x = 3$ eine doppelte Polstelle.

2. $f(x) = \frac{x^2 - 3x}{2x - 6} = \frac{x(x-3)}{2(x-3)}$

$v(x) = 2(x-3) = 0$

$\Leftrightarrow \quad x = 3$

$\Rightarrow \quad \mathbb{D}_f = \mathbb{R}\setminus\{3\}$

$u(x) = x(x-3) = 0$

$\Leftrightarrow \quad x = 0 \text{ oder } x = 3 \; (\notin \mathbb{D}_f)$

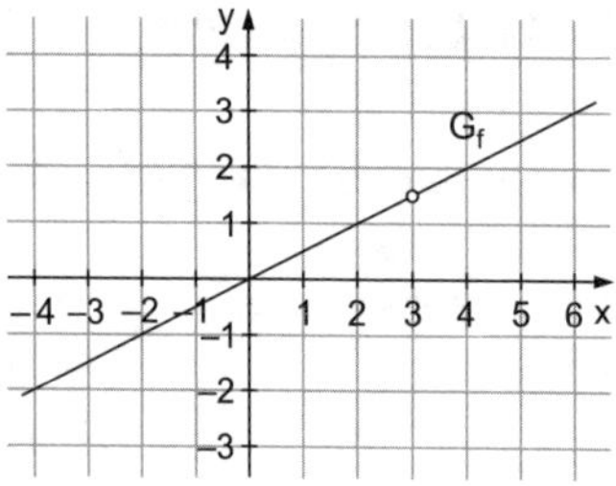

Die Funktion f besitzt

- bei $x = 0$ eine einfache Nullstelle
  und
- bei $x = 3$ eine (be)hebbare Definitionslücke.

Für $x \neq 3$ kann man im Funktionsterm kürzen:

$f(x) = \frac{x\cancel{(x-3)}}{2\cancel{(x-3)}} = \frac{x}{2}$ für $x \neq 3$

3.2 Grenzwerte und Asymptoten

Allgemein unterscheidet man zwei Arten von Grenzwerten:

- Verhalten im Unendlichen

  $\lim\limits_{x \to \pm\infty} f(x)$

- Verhalten in der Nähe einer Definitionslücke x_0, wenn man sich dieser von links ($x < x_0$) bzw. von rechts ($x > x_0$) nähert

  $\lim\limits_{x \to x_0} f(x); \quad x_0 \notin \mathbb{D}_f$

Verhalten in der Nähe einer Polstelle, senkrechte Asymptoten

Ziel dieser Grenzwertbetrachtung ist es, das Verhalten einer Funktion in der Umgebung einer Polstelle zu untersuchen. An einer Polstelle besitzt der Graph der Funktion eine senkrechte Asymptote. Bei der Annäherung an diese Asymptote werden die Funktionswerte beliebig groß bzw. klein. Als Grenzwert ergibt sich hier also $+\infty$ oder $-\infty$. Je nach Vielfachheit der Polstelle weist der Graph an der Asymptote einen Vorzeichenwechsel auf oder nicht.

Bestimmen Sie das Verhalten des Graphen der Funktion $f(x) = \frac{x^2}{2(x-2)}$ in der Nähe der Polstelle.

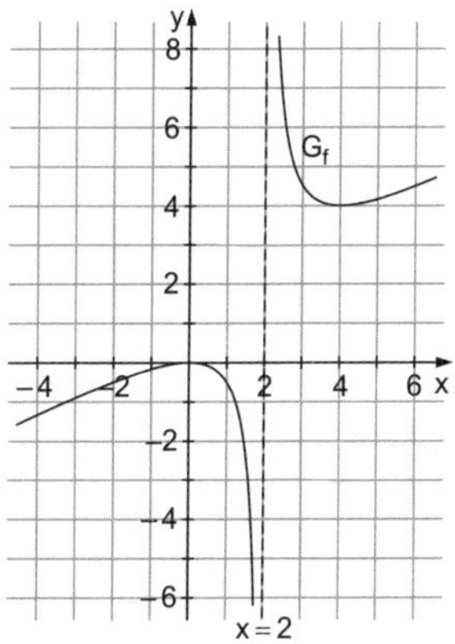

$v(x) = 2(x-2) = 0 \quad \Leftrightarrow \quad x = 2$

$\Rightarrow \quad \mathbb{D}_f = \mathbb{R} \setminus \{2\}$

$\Rightarrow$ Die Funktion f hat bei $x = 2$ eine einfache Polstelle. Der Graph G_f besitzt dort eine senkrechte Asymptote mit Vorzeichenwechsel.

Das Vorzeichen der Funktion entspricht dem Vorzeichen des Nenners (da $x^2 > 0$). Nähert man sich der Polstelle von links (d. h. für $x < 2$), so hat der Nenner ein negatives Vorzeichen, der Graph verläuft gegen $-\infty$; bei Annäherung von rechts ergibt sich ein positives Vorzeichen, also verläuft der Graph gegen $+\infty$.

Außerdem hat die Funktion bei $x = 0$ eine doppelte Nullstelle.

Verhalten im Unendlichen, waagrechte Asymptoten

Das Verhalten einer gebrochenrationalen Funktion im Unendlichen wird untersucht, um festzustellen, ob eine waagrechte Asymptote vorliegt oder nicht. Eine waagrechte Asymptote ist eine zur x-Achse parallele Gerade $y = a$, $a \in \mathbb{R}$, an die sich der Graph einer Funktion beliebig genau annähert, aber diese nie erreicht. Es gilt dann $\lim\limits_{x \to \pm\infty} f(x) = a$.

Es gibt drei verschiedene Fälle, die bei dieser Grenzwertbetrachtung auftreten können. Diese werden bestimmt durch den Grad des Zähler- und Nennerpolynoms, dabei bezeichnet im Folgenden Grad Z die höchste Potenz von x im Zähler (Zählergrad) und Grad N die höchste Potenz von x im Nenner (Nennergrad).

1. Fall: Grad Z = Grad N

Entsprechen sich bei einer gebrochenrationalen Funktion der Zähler- und der Nennergrad, besitzt der Graph der Funktion eine waagrechte Asymptote, die sich aus den Koeffizienten der höchsten Potenz ergibt:

$$f(x) = \frac{a_n x^n + \ldots + a_0}{b_n x^n + \ldots + b_0} \quad \Rightarrow \quad \text{waagrechte Asymptote } y = \frac{a_n}{b_n}$$

$f(x) = \frac{2x^3 - 3x}{5x^3 + 2x + 1}$

$$\lim_{x \to \pm\infty} \frac{\mathbf{2}x^3 - 3x}{\mathbf{5}x^3 + 2x + 1} = \lim_{x \to \pm\infty} \frac{\cancel{x^3}\left(2 - \frac{3}{x^2}\right)}{\cancel{x^3}\left(5 + \frac{2}{x^2} + \frac{1}{x^3}\right)} = \lim_{x \to \pm\infty} \frac{2 - \overbrace{\frac{3}{x^2}}^{\to 0}}{5 + \underbrace{\frac{2}{x^2}}_{\to 0} + \underbrace{\frac{1}{x^3}}_{\to 0}} = \frac{\mathbf{2}}{\mathbf{5}}$$

$\Rightarrow \quad y = \frac{2}{5}$ ist waagrechte Asymptote.

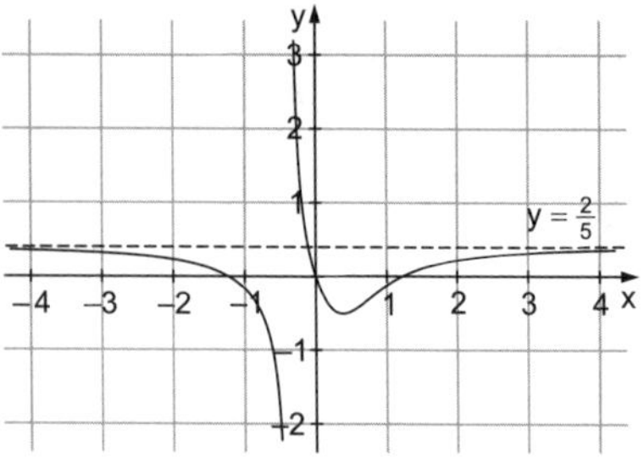

2. Fall: Grad Z < Grad N

Ist bei einer gebrochenrationalen Funktion der Zählergrad kleiner als der Nennergrad, ist die x-Achse waagrechte Asymptote des Graphen:

$f(x) = \frac{a_m x^m + \ldots + a_0}{b_n x^n + \ldots + b_0}$ mit $m < n \quad \Rightarrow \quad$ waagrechte Asymptote $y = 0$

$f(x) = \frac{2x^2 - 3x}{5x^3 + 2x + 1}$

$$\lim_{x \to \pm\infty} \frac{2x^2 - 3x}{5x^3 + 2x + 1} = \lim_{x \to \pm\infty} \frac{\cancel{x^3}\left(\frac{2}{x} - \frac{3}{x^2}\right)}{\cancel{x^3}\left(5 + \frac{2}{x^2} + \frac{1}{x^3}\right)} = \lim_{x \to \pm\infty} \frac{\overbrace{\frac{2}{x}}^{\to 0} - \overbrace{\frac{3}{x^2}}^{\to 0}}{5 + \underbrace{\frac{2}{x^2}}_{\to 0} + \underbrace{\frac{1}{x^3}}_{\to 0}} = \frac{0}{5} = 0$$

$\Rightarrow \quad y = 0$ (x-Achse) ist waagrechte Asymptote.

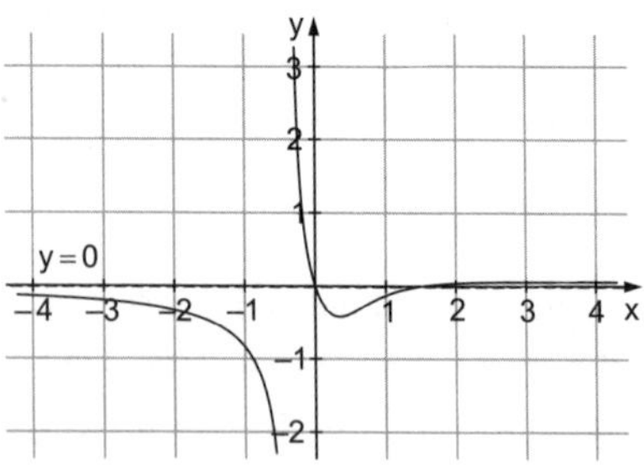

3. Fall: Grad Z > Grad N

Ist bei einer gebrochenrationalen Funktion der Zählergrad größer als der Nennergrad, besitzt der Graph keine waagrechte Asymptote:

$$f(x) = \frac{a_n x^n + \ldots + a_0}{b_m x^m + \ldots + b_0} \text{ mit } m < n \quad \Rightarrow \quad \text{keine waagrechte Asymptote}$$

$$f(x) = \frac{2x^4 - 3x}{5x^3 + 2x + 1}$$

$$\lim_{x \to \pm\infty} \frac{2x^4 - 3x}{5x^3 + 2x + 1} = \lim_{x \to \pm\infty} \frac{\cancel{x^3}\left(2x - \frac{3}{x^2}\right)}{\cancel{x^3}\left(5 + \frac{2}{x^2} + \frac{1}{x^3}\right)} = \lim_{x \to \pm\infty} \frac{2x - \overbrace{\frac{3}{x^2}}^{\to 0}}{5 + \underbrace{\frac{2}{x^2}}_{\to 0} + \underbrace{\frac{1}{x^3}}_{\to 0}}$$

$$= \lim_{x \to \pm\infty} \frac{2x}{5} = \pm\infty$$

$\Rightarrow$ Es existiert keine waagrechte Asymptote.

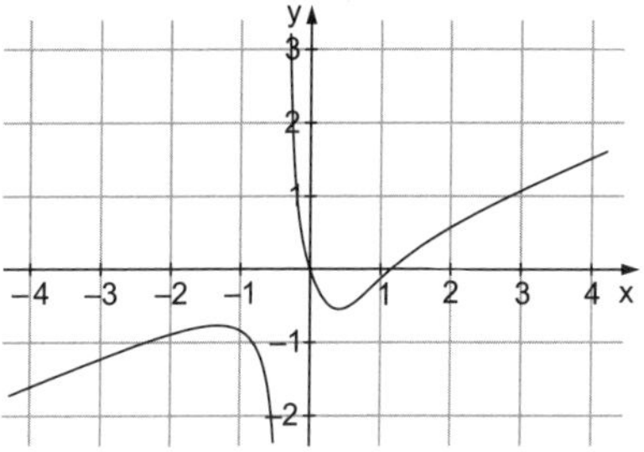

Auch die Graphen anderer Funktionstypen können Asymptoten besitzen, z. B. besitzt die natürliche Exponentialfunktion eine waagrechte Asymptote (vgl. Abschnitt 2.5 und Abschnitt 9.4).

4 Ableitung

4.1 Bedeutung der Ableitung

Die Ableitung einer Funktion entspricht in jedem Punkt der Steigung der Tangente an den Graphen der Funktion und wird deshalb als Grenzwert der Sekantensteigung bestimmt.

Der **Differenzenquotient** $\frac{f(x)-f(x_0)}{x-x_0}$ (mittlere Änderungsrate) gibt die Steigung einer Sekante durch den Punkt $P(x_0 \mid f(x_0))$ und einen weiteren Punkt des Graphen der Funktion f(x) an.
Der Grenzwert des Differenzenquotienten bei Annäherung der beiden Punkte heißt **Differenzialquotient** und gibt die Steigung der Tangente im Punkt P an den Graphen von f(x) bzw. die Ableitung der Funktion an der Stelle x_0 an:

$$f'(x_0) = \lim_{x \to x_0} \frac{f(x)-f(x_0)}{x-x_0} \quad \text{(momentane Änderungsrate)}$$

Eine Funktion f heißt ableitbar bzw. differenzierbar an der Stelle x_0, wenn dieser Grenzwert existiert und nicht unendlich ist.

4.2 Ableitungen der Grundfunktionen

Es gilt die **Potenzregel**:
$f(x) = x^r$ mit $r \in \mathbb{R} \Rightarrow f'(x) = r \cdot x^{r-1}$

Bestimmen Sie jeweils die Ableitung der Funktion.

1. $f(x) = x^4$

   $f'(x) = 4 \cdot x^{4-1} = 4 \cdot x^3$

2. $g(x) = \sqrt{x} = x^{\frac{1}{2}}$

   $g'(x) = \frac{1}{2} \cdot x^{\frac{1}{2}-1} = \frac{1}{2} \cdot x^{-\frac{1}{2}} = \frac{1}{2\sqrt{x}}$

3. $h(x) = \frac{1}{x} = x^{-1}$

   $h'(x) = (-1) \cdot x^{-1-1} = -x^{-2} = -\frac{1}{x^2}$

Ableitungen weiterer Grundfunktionen

$f(x) = c$ mit $c \in \mathbb{R} \Rightarrow f'(x) = 0$

$f(x) = \sin x \Rightarrow f'(x) = \cos x$

$f(x) = \cos x \Rightarrow f'(x) = -\sin x$

$f(x) = e^x \Rightarrow f'(x) = e^x$

$f(x) = \ln x \Rightarrow f'(x) = \frac{1}{x}$

4.3 Ableitungsregeln

Zum Ableiten komplexerer Funktionen benötigt man weitere Regeln.

Faktorregel

$f(x) = a \cdot u(x)$ mit $a \in \mathbb{R} \Rightarrow f'(x) = a \cdot u'(x)$

Summenregel

$f(x) = u(x) + v(x) \Rightarrow f'(x) = u'(x) + v'(x)$

Produktregel

$f(x) = u(x) \cdot v(x) \Rightarrow f'(x) = u'(x) \cdot v(x) + u(x) \cdot v'(x)$

Kettenregel

$f(x) = u(v(x)) \Rightarrow f'(x) = u'(v(x)) \cdot v'(x)$

Faktorregel

$f(x) = 5 \cdot \cos x$

$f'(x) = 5 \cdot (-\sin x) = -5 \cdot \sin x$

Summenregel

$f(x) = \sin x + \sqrt{x}$

$f'(x) = \cos x + \frac{1}{2\sqrt{x}}$

Produktregel

$f(x) = x^2 \cdot e^x$

$f'(x) = 2x \cdot e^x + x^2 \cdot e^x = e^x(2x + x^2)$

Kettenregel

$f(x) = \sin(x^2 - 3x)$

$f'(x) = \cos(x^2 - 3x) \cdot (2x - 3)$

$g(x) = \frac{3}{(2x-1)^2} = 3 \cdot (2x-1)^{-2}$

$g'(x) = 3 \cdot (-2) \cdot (2x-1)^{-3} \cdot 2 = -12 \cdot (2x-1)^{-3} = \frac{-12}{(2x-1)^3}$

4.4 Tangente und Normale

Gleichung der Tangente

Die Ableitung $f'(x_0)$ gibt die Steigung der Tangente an den Graphen von f im Punkt $P(x_0 | f(x_0))$ an. Die Gleichung der Tangente in diesem Punkt lautet damit:

$y = f'(x_0) \cdot (x - x_0) + f(x_0)$

Gleichung der Normale

Die Normale im Punkt P ist die Orthogonale zu dieser Tangente. Für ihre Gleichung gilt deshalb:

$y = -\frac{1}{f'(x_0)} \cdot (x - x_0) + f(x_0)$

Bestimmen Sie die Gleichungen der Tangente und der Normale im Punkt $P(2 | f(2))$ an den Graphen der Funktion $f(x) = 3x^2 - 5$.

$f(2) = 3 \cdot 4 - 5 = 7 \quad \Rightarrow \quad P(2 | 7)$

$f'(x) = 6x \quad \Rightarrow \quad f'(2) = 12$

Gleichung der Tangente:

$y = f'(2) \cdot (x - 2) + f(2) = 12 \cdot (x - 2) + 7 = 12x - 17$

Gleichung der Normale:

$y = -\frac{1}{f'(2)} \cdot (x - 2) + f(2) = -\frac{1}{12} \cdot (x - 2) + 7 = -\frac{1}{12}x + 7\frac{1}{6}$

5 Elemente der Kurvendiskussion, Anwendungen der Ableitung

Mithilfe der Ableitung können Funktionen auf bestimmte Eigenschaften untersucht und Rückschlüsse auf den Verlauf des Funktionsgraphen gezogen werden. Die 1. Ableitung bestimmt dabei die Steigung der Funktion, die 2. Ableitung ihre Krümmung.

5.1 Monotonieverhalten, Extrem- und Sattelpunkte

Die Monotonie beschreibt das Steigungsverhalten einer Funktion.

Monotoniekriterium

$f'(x) < 0$ im Intervall I $\Rightarrow$ Der Graph G_f fällt streng monoton in I.
$f'(x) > 0$ im Intervall I $\Rightarrow$ Der Graph G_f wächst streng monoton in I.

Extremstellen und Sattelstellen sind Stellen (x-Werte), an denen der Graph einer Funktion die Steigung null und damit eine waagrechte Tangente besitzt. Ändert sich an dieser Stelle das Monotonieverhalten (von wachsend zu fallend oder umgekehrt), liegt ein Extrempunkt vor, andernfalls ein Sattelpunkt (oder Terrassenpunkt).

Art von Extremwerten

Ist $f'(x_0) = 0$ und wechselt f' an der Stelle x_0 das Vorzeichen, so hat der Graph G_f an dieser Stelle einen Extrempunkt.
VZW von − nach +: relatives Minimum bei x_0 (Tiefpunkt)
VZW von + nach −: relatives Maximum bei x_0 (Hochpunkt)
kein VZW: Sattelpunkt

Bemerkung: Ist eine Funktion nur auf einem Teilbereich von $\mathbb{R}$ definiert, kann der maximale bzw. minimale Wert auch am Rand dieses Bereichs angenommen werden (Randextremum). Da dies keine Hoch- bzw. Tiefpunkte im eigentlichen Sinne sind, werden sie nicht durch das obige Kriterium erfasst. Dies muss insbesondere bei Extremwertproblemen berücksichtigt werden.

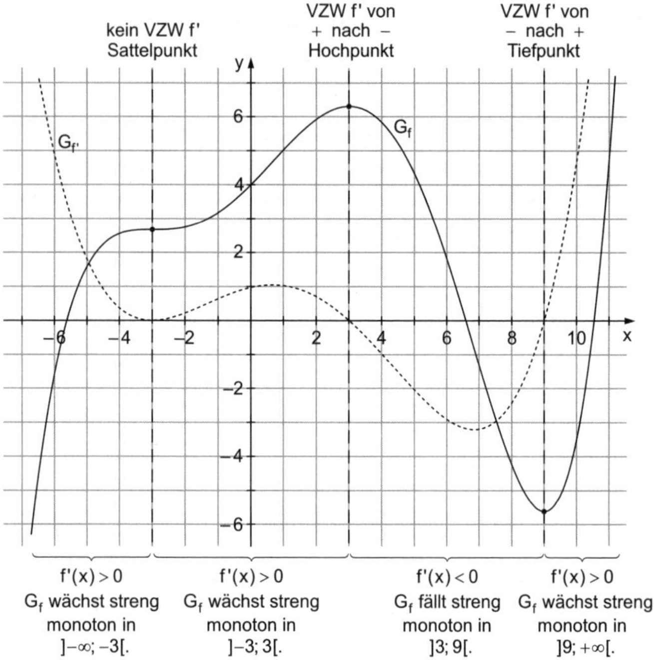

Bestimmung des Monotonieverhaltens und der Extrempunkte mithilfe einer Monotonietabelle

Vorgehensweise

Schritt 1: 1. Ableitung von f bestimmen

Schritt 2: Nullstellen der 1. Ableitung berechnen, d. h. Lösen der Gleichung $f'(x) = 0$

Schritt 3: Für jede Nullstelle x_0 der 1. Ableitung überprüfen, ob f'(x) beim Fortschreiten von links nach rechts über die Nullstelle hinweg das Vorzeichen wechselt

– nach + : relatives Minimum bei x_0
+ nach – : relatives Maximum bei x_0
kein VZW: Sattelpunkt

$f(x) = x \cdot e^x; \quad x \in \mathbb{R}$

Schritt 1:

$f'(x) = 1 \cdot e^x + x \cdot e^x = e^x(x+1)$

Schritt 2:

$$\begin{aligned} & f'(x) = 0 \\ \Leftrightarrow \quad & e^x(x+1) = 0 \\ \Leftrightarrow \quad & x+1 = 0 \qquad \text{da } e^x > 0 \text{ für alle } x \in \mathbb{R} \\ \Leftrightarrow \quad & x = -1 \end{aligned}$$

Schritt 3:

Monotonietabelle

	$x < -1$	$x > -1$
e^x	+	+
$x+1$	–	+
$f'(x)$	–	+
G_f	fällt ↘	wächst ↗

$x = -1$: Minimum

f fällt streng monoton in $]-\infty; -1[$, wächst streng monoton in $]-1; +\infty[$.

$\Rightarrow$ G_f hat den Tiefpunkt $(-1 \mid f(-1)) = \left(-1 \mid -\frac{1}{e}\right)$.

Bestimmung der Extrempunkte mithilfe der 2. Ableitung

Alternativ kann die Art der Extrempunkte mithilfe der 2. Ableitung bestimmt werden. Allerdings lässt sich bei diesem Vorgehen kein direkter Rückschluss auf einen Sattelpunkt ziehen.

Art von Extremwerten *(alternatives Kriterium)*

Ist $f'(x_0) = 0$ und $f''(x_0) > 0$, so hat der Graph G_f an der Stelle x_0 ein relatives Minimum (Tiefpunkt).

Ist $f'(x_0) = 0$ und $f''(x_0) < 0$, so hat der Graph G_f an der Stelle x_0 ein relatives Maximum (Hochpunkt).

Vorgehensweise

Schritt 1: 1. und 2. Ableitung von f bestimmen

Schritt 2: Nullstellen der 1. Ableitung berechnen, d. h. Lösen der Gleichung $f'(x)=0$

Schritt 3: Für jede Nullstelle x_0 der 1. Ableitung den Funktionswert $f''(x_0)$ berechnen und das Ergebnis auswerten

$f''(x_0)>0$: relatives Minimum bei x_0

$f''(x_0)<0$: relatives Maximum bei x_0

$f''(x_0)=0$: Sattelpunkt *möglich*

$f(x)=x\cdot e^x;\quad x\in\mathbb{R}$

Schritt 1:

$f'(x)=1\cdot e^x+x\cdot e^x=e^x(x+1)$

$f''(x)=e^x+1\cdot e^x+x\cdot e^x=e^x(x+2)$

Schritt 2:

$f'(x)=0 \;\Leftrightarrow\; x+1=0 \;\Leftrightarrow\; x=-1$ (vgl. S. 21)

Schritt 3:

$f''(-1)=e^{-1}\cdot(-1+2)=e^{-1}>0 \;\Rightarrow$ relatives Minimum bei $x=-1$

$\Rightarrow$ G_f hat den Tiefpunkt $(-1\,|\,f(-1))=\left(-1\;\middle|\;-\frac{1}{e}\right)$.

5.2 Krümmungsverhalten, Wendepunkte

Graphenkrümmung

$f''(x)<0$ im Intervall I $\Rightarrow$ Der Graph G_f ist in I rechtsgekrümmt.

$f''(x)>0$ im Intervall I $\Rightarrow$ Der Graph G_f ist in I linksgekrümmt.

Wendestellen sind Stellen (x-Werte), an denen der Graph einer Funktion seine Krümmung wechselt (von einer Links- in eine Rechtskurve oder umgekehrt).

Wendepunkte

Ist $f''(x_0)=0$ und wechselt f'' an der Stelle x_0 das Vorzeichen, so hat der Graph G_f an dieser Stelle einen Wendepunkt.

Ein Sattelpunkt (oder Terrassenpunkt) ist ein Wendepunkt mit waagrechter Tangente (vgl. Abschnitt 5.1).

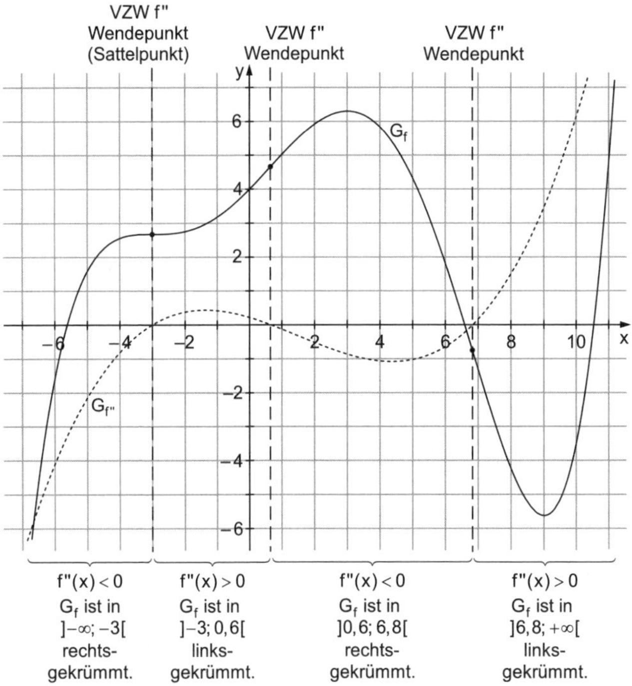

Bestimmung des Krümmungsverhaltens und der Wendepunkte mithilfe einer Krümmungstabelle

Vorgehensweise

Schritt 1: 1. und 2. Ableitung von f bestimmen

Schritt 2: Nullstellen der 2. Ableitung berechnen, d. h. Lösen der Gleichung $f''(x) = 0$

Schritt 3: Für jede Nullstelle x_0 der 2. Ableitung überprüfen, ob $f''(x)$ beim Fortschreiten von links nach rechts über die Nullstelle hinweg das Vorzeichen wechselt

bei VZW: Wendepunkt

kein VZW: kein Wendepunkt

$f(x) = x \cdot e^x; \quad x \in \mathbb{R}$

Schritt 1:

$f'(x) = 1 \cdot e^x + x \cdot e^x = e^x(1+x)$

$f''(x) = e^x \cdot (1+x) + e^x \cdot 1 = e^x(2+x)$

Schritt 2:

$$\begin{aligned} & f''(x) = 0 \\ \Leftrightarrow\ & e^x(2+x) = 0 \\ \Leftrightarrow\ & 2+x = 0 \qquad \text{da } e^x > 0 \text{ für alle } x \in \mathbb{R} \\ \Leftrightarrow\ & x = -2 \end{aligned}$$

Schritt 3:

Krümmungstabelle

$x = -2$

	$x < -2$	$x > -2$
e^x	+	+
$2+x$	–	+
$f''(x)$	–	+
G_f	rechtsgekrümmt	linksgekrümmt

Wendepunkt

G_f ist in $]-\infty; -2[$ rechtsgekrümmt und in $]-2; +\infty[$ linksgekrümmt.

$\Rightarrow$ G_f hat den Wendepunkt $(-2 \mid f(-2)) = \left(-2 \;\middle|\; -\frac{2}{e^2}\right)$.

Bestimmung der Wendepunkte mithilfe der 3. Ableitung

Alternativ kann die Bestimmung der Wendepunkte mithilfe der 3. Ableitung erfolgen. Allerdings lässt sich bei diesem Vorgehen das Krümmungsverhalten nicht unmittelbar angeben.

Wendepunkte *(alternatives Kriterium)*

Ist $f''(x_0) = 0$ und $f'''(x_0) \neq 0$, so hat der Graph G_f an der Stelle x_0 einen Wendepunkt.

Vorgehensweise
Schritt 1: 1., 2. und 3. Ableitung von f bestimmen

Schritt 2: Nullstellen der 2. Ableitung berechnen, d. h. Lösen der Gleichung $f''(x) = 0$

Schritt 3: Für jede Nullstelle x_0 der 2. Ableitung den Funktionswert $f'''(x_0)$ berechnen und das Ergebnis auswerten
$f'''(x_0) \neq 0$: Wendepunkt
$f'''(x_0) = 0$: keine Aussage möglich

$f(x) = x \cdot e^x; \quad x \in \mathbb{R}$

Schritt 1:

$f'(x) = 1 \cdot e^x + x \cdot e^x = e^x(1+x)$

$f''(x) = e^x \cdot (1+x) + e^x \cdot 1 = e^x(2+x)$

$f'''(x) = e^x \cdot (2+x) + e^x \cdot 1 = e^x(3+x)$

Schritt 2:

$f''(x) = 0 \quad \Leftrightarrow \quad e^x(2+x) = 0 \quad \Leftrightarrow \quad x = -2$ (vgl. S. 24)

Schritt 3:

$f'''(-2) = e^{-2} \cdot (3-2) = e^{-2} \neq 0$

$\Rightarrow$ G_f hat den Wendepunkt $(-2 \mid f(-2)) = \left(-2 \;\middle|\; -\frac{2}{e^2}\right)$.

5.3 Ortskurven

Liegt eine Kurvenschar (also eine Funktion mit Parameter) vor, so können zu den besonderen Punkten **Ortskurven** bestimmt werden. Dies sind Kurven, auf denen alle Hoch-, Tief- oder Wendepunkte der Schar liegen.

Vorgehensweise
Schritt 1: Koordinaten der relevanten Punkte (Hoch-, Tief- oder Wendepunkte) in Abhängigkeit des Parameters ermitteln

Schritt 2: x-Koordinate der Punkte nach dem Parameter auflösen

Schritt 3: Erhaltenen Term anstelle des Parameters in die y-Koordinate der Punkte einsetzen (man erhält eine Gleichung der Ortskurve)

Für jedes $t>0$ ist die Funktion f_t mit $f_t(x)=2\cos\left(\frac{x}{t}\right)-t \ (x \in \mathbb{R})$ gegeben. Bestimmen Sie eine Gleichung der Kurve, auf der alle Tiefpunkte T_t der Graphen von f_t innerhalb der ersten Periode ab $x=0$ liegen.

Schritt 1:

$$f_t'(x)=-2\sin\left(\frac{x}{t}\right)\cdot\frac{1}{t}=-\frac{2}{t}\cdot\sin\left(\frac{x}{t}\right);\quad f_t''(x)=-\frac{2}{t}\cdot\cos\left(\frac{x}{t}\right)\cdot\frac{1}{t}=-\frac{2}{t^2}\cdot\cos\left(\frac{x}{t}\right)$$

Bestimmung des Tiefpunktes im Bereich $0\le x\le 2\pi t$ (erste Periode):

$$f_t'(x)=0 \iff \sin\left(\frac{x}{t}\right)=0 \iff \frac{x}{t}=0 \text{ oder } \frac{x}{t}=\pi \text{ oder } \frac{x}{t}=2\pi$$

$$\iff x=0 \text{ oder } x=\pi t \text{ oder } x=2\pi t$$

$$f_t''(0)=-\frac{2}{t^2}\cdot\cos 0=-\frac{2}{t^2}<0;\quad f_t''(2\pi t)=-\frac{2}{t^2}\cdot\cos(2\pi)=-\frac{2}{t^2}<0$$

$$f_t''(\pi t)=-\frac{2}{t^2}\cdot\cos\pi=\frac{2}{t^2}>0 \Rightarrow \text{Tiefpunkt } T_t(\pi t\,|\,f_t(\pi t))=T_t(\pi t\,|\,-2-t)$$

Schritt 2:

$$x_T=\pi t \Rightarrow t=\frac{x_T}{\pi}$$

Schritt 3:

$$y_T=-2-t=-2-\frac{x_T}{\pi}$$

Die Tiefpunkte innerhalb der ersten Periode liegen auf der Geraden g mit der Gleichung g: $y=-\frac{1}{\pi}x-2$.

5.4 Extremwertaufgaben

Bei Extremwertaufgaben geht es darum, die Voraussetzungen, unter denen eine bestimmte Größe extrem, d. h. maximal oder minimal wird, zu ermitteln. Meist wird zudem die Berechnung dieses größten bzw. kleinsten Werts gefordert.

Vorgehensweise

Schritt 1: Größe, für die ein Extremwert berechnet werden soll, als Funktion in Abhängigkeit der relevanten Variablen aufstellen ($\triangleq$ Zielfunktion)

Schritt 2: Im Aufgabentext nach Nebenbedingungen suchen und ggf. Zusammenhänge zwischen den in der Zielfunktion enthaltenen Variablen herstellen, sodass die Zielfunktion nur noch eine Variable enthält

Schritt 3: Eine bzgl. der Fragestellung sinnvolle Definitionsmenge für die Zielfunktion festlegen

Schritt 4: Maximum bzw. Minimum der Zielfunktion ermitteln

Für den Quader im Bild rechts soll ein Kantenmodell aus Draht gebastelt werden. Dafür steht ein Drahtstück der Länge 84 cm zur Verfügung, das vollständig verbraucht werden soll. Bestimmen Sie die Maße des Quaders, für die sein Volumen maximal wird, und geben Sie dieses Volumen an.

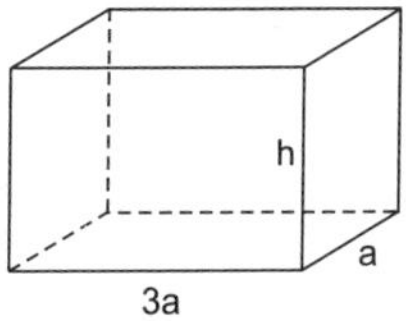

Schritt 1:
Die Zielfunktion gibt das Volumen des Quaders an:

$V(a, h) = 3a \cdot a \cdot h = 3a^2h;\quad$ a und h in cm

Schritt 2:
Als Nebenbedingung beträgt die Summe aller Kantenlängen 84 cm:

$$\begin{aligned} & 4 \cdot 3a + 4 \cdot a + 4 \cdot h = 84 \\ \Leftrightarrow\quad & 16a + 4h = 84 \\ \Leftrightarrow\quad & 4h = 84 - 16a \\ \Leftrightarrow\quad & h = 21 - 4a \quad (*) \end{aligned}$$

Einsetzen in die Zielfunktion:

$V(a) = 3a^2(21 - 4a) = 63a^2 - 12a^3$

Schritt 3:
Da a und h Längen sind, gilt $a > 0$ und $h > 0$. Aus Letzterem und der Nebenbedingung (∗) folgt: $h = 21 - 4a > 0 \;\Leftrightarrow\; 21 > 4a \;\Leftrightarrow\; a < 5{,}25$
Eine sinnvolle Definitionsmenge für die Zielfunktion V(a) ist also:
$\mathbb{D}_V = \,]0;\, 5{,}25[$

Schritt 4:
Das Maximum der Zielfunktion ergibt sich nach Abschnitt 5.1:

$$\begin{aligned} & V'(a) = 126a - 36a^2 = 0 \\ \Leftrightarrow\quad & a \cdot (126 - 36a) = 0 \\ \Leftrightarrow\quad & a = 0\ (\notin \mathbb{D}_V) \text{ oder } a = 3{,}5 \end{aligned}$$

$$\left.\begin{aligned} V'(a) > 0 & \text{ für } 0 < a < 3{,}5 \\ V'(a) < 0 & \text{ für } a > 3{,}5 \end{aligned}\right\} \Rightarrow \text{Maximum}$$

Für den Wert $a = 3{,}5$ wird das Volumen des Quaders maximal.
Der Quader ist dann 3,5 cm breit, 10,5 cm lang und 7 cm hoch.
Das maximale Volumen beträgt $V(3{,}5) = 257{,}25\ cm^3$.

6 Stammfunktion und unbestimmtes Integral

6.1 Stammfunktion

Eine Funktion F ist Stammfunktion der Funktion f, wenn gilt:
$F'(x) = f(x)$

1. Bestimmen Sie eine Stammfunktion F von $f(x) = 4x^3 - 2x$.
   $F(x) = x^4 - x^2$, denn $F'(x) = 4x^3 - 2x = f(x)$

2. Die folgende Abbildung zeigt den Graphen G_f der Funktion f. Skizzieren Sie den Graphen G_F einer Stammfunktion F von f.

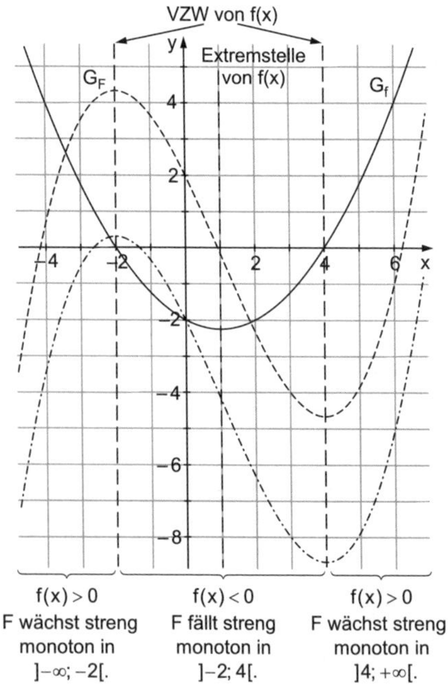

Es bestehen folgende Zusammenhänge:

- Vorzeichen von f
  ⇒ Steigung von F
- Nullstellen von f mit VZW
  ⇒ Extrema von F
- Extremstellen von f
  ⇒ Wendestellen von F

Bemerkung: Eine Verschiebung von G_F nach oben oder unten hat keinen Einfluss auf den Verlauf des Graphen G_f (konstantes Glied fällt beim Ableiten weg). Es sind also unendlich viele Stammfunktionen möglich.

6.2 Unbestimmtes Integral

Das unbestimmte Integral einer Funktion f ist die Menge aller Stammfunktionen dieser Funktion:

$$\int f(x)\,dx = F(x) + C; \quad C \in \mathbb{R}$$

Dabei gilt stets: $F'(x) = f(x)$

Elementare Stammfunktionen

$$\int x^r\,dx = \frac{x^{r+1}}{r+1} + C; \quad r \neq -1 \qquad \int \frac{1}{x}\,dx = \ln|x| + C$$

$$\int \sin x\,dx = -\cos x + C \qquad \int \cos x\,dx = \sin x + C$$

$$\int e^x\,dx = e^x + C$$

Lineare Substitution

Mithilfe linearer Substitution können ausgehend von den obigen Grundintegralen auch Stammfunktionen komplexerer Funktionen bestimmt werden:

$\int f(ax+b)\,dx = \frac{1}{a} \cdot F(ax+b) + C$, wobei F Stammfunktion von f ist.

Außerdem gelten für die Integration analog zur Differenziation die Faktor- und die Summenregel (vgl. Abschnitt 7.1).

1. $$\int (5x^3 - 3x + \sin x)\,dx = 5 \cdot \frac{x^4}{4} - 3 \cdot \frac{x^2}{2} + (-\cos x) + C = \frac{5}{4}x^4 - \frac{3}{2}x^2 - \cos x + C$$

2. $$\int \left(\frac{3}{\sqrt{x}} - \frac{1}{x^2}\right) dx = \int (3x^{-\frac{1}{2}} - x^{-2})\,dx = 3 \cdot \frac{x^{\frac{1}{2}}}{\frac{1}{2}} - \frac{x^{-1}}{-1} + C = 6\sqrt{x} + \frac{1}{x} + C$$

3. $$\int \cos(-2x+5)\,dx = \frac{1}{-2} \cdot \sin(-2x+5) + C = -\frac{1}{2}\sin(-2x+5) + C$$

   Lineare Substitution mit $f(x) = \cos x$, $F(x) = \sin x$ und $a = -2$, $b = 5$

4. $$\int \frac{1}{2x-7}\,dx = \frac{1}{2}\ln|2x-7| + C$$

   Lineare Substitution mit $f(x) = \frac{1}{x}$, $F(x) = \ln|x|$ und $a = 2$, $b = -7$

7 Bestimmtes Integral und Flächenberechnung

7.1 Bestimmtes Integral

Das bestimmte Integral ist eine Zahl. Sie drückt die **Flächenbilanz** der Flächen aus, die der Graph G_f einer Funktion f im Intervall [a; b] mit der x-Achse einschließt.

$$\int_a^b f(x)\,dx = [F(x)]_a^b = F(b) - F(a),\quad \text{wobei F Stammfunktion von f ist.}$$

Gilt für die Integrationsgrenzen $a < b$, dann gehen Flächen oberhalb der x-Achse positiv in die Bilanz ein und Flächen unterhalb der x-Achse negativ:

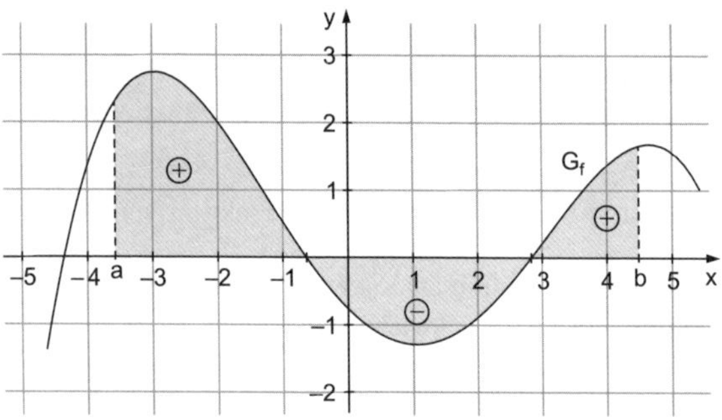

Flächenbilanz

⊕ > ⊖: bestimmtes Integral > 0

⊕ = ⊖: bestimmtes Integral = 0

⊕ < ⊖: bestimmtes Integral < 0

Eigenschaften des bestimmten Integrals

1. $\int_a^a f(x)\,dx = 0$

2. $\int_a^b f(x)\,dx = -\int_b^a f(x)\,dx$

3. $\int_a^b k \cdot f(x)\,dx = k \cdot \int_a^b f(x)\,dx$, wobei $k \in \mathbb{R}$

4. $\int_a^b (f(x) \pm g(x))\,dx = \int_a^b f(x)\,dx \pm \int_a^b g(x)\,dx$

5. $\int_a^b f(x)\,dx = \int_a^c f(x)\,dx + \int_c^b f(x)\,dx$, wobei $a < c < b$

7.2 Flächenberechnung

Berechnung des Flächeninhalts zwischen Graph und x-Achse

Zur Berechnung des Inhalts der vom Graphen der Funktion f und der x-Achse im Intervall [a; b] eingeschlossenen Fläche muss in diesem Bereich über f(x) integriert werden. Dabei müssen die Teilflächen ober- und unterhalb der x-Achse getrennt betrachtet werden.

Vorgehensweise

Schritt 1: Nullstellen $x_1, x_2, \ldots, x_n$ von f im Intervall [a; b] berechnen: $f(x) = 0$ mit $a < x < b$

Schritt 2: Inhalt A der Fläche zwischen G_f und x-Achse $\hat{=}$ Summe der Beträge der Einzelintegrale über f(x)

$$A = \left| \int_a^{x_1} f(x)\,dx \right| + \left| \int_{x_1}^{x_2} f(x)\,dx \right| + \ldots + \left| \int_{x_n}^{b} f(x)\,dx \right|$$

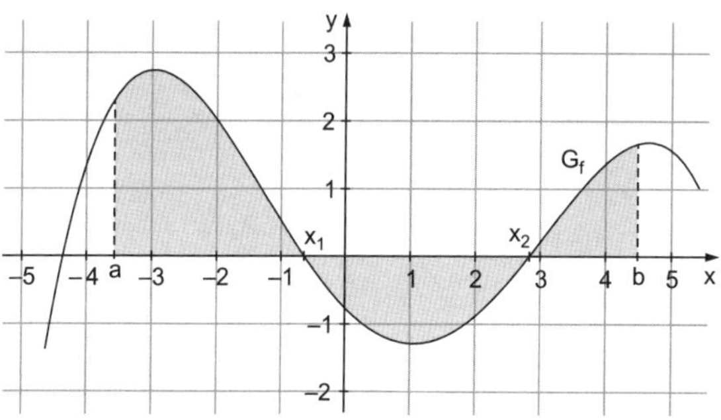

Berechnung des Flächeninhalts zwischen zwei Graphen

Zur Berechnung des Inhalts der von den Graphen zweier Funktionen f und g im Intervall [a; b] eingeschlossenen Fläche muss über die Differenz von f(x) und g(x) integriert werden. Dabei ist es egal, ob die eingeschlossene Fläche ober- bzw. unterhalb der x-Achse liegt, allerdings müssen hier die Teilflächen zwischen den Schnittstellen der beiden Graphen getrennt betrachtet werden.

Vorgehensweise

Schritt 1: Schnittstellen $x_1, x_2, \ldots, x_n$ von G_f und G_g im Intervall [a; b] berechnen: $f(x) = g(x)$ mit $a < x < b$

Schritt 2: Inhalt A der Fläche zwischen G_f und $G_g \mathrel{\widehat{=}}$ Summe der Beträge der Einzelintegrale über die Differenz $f(x) - g(x)$

$$A = \left| \int_a^{x_1} (f(x) - g(x))\,dx \right| + \left| \int_{x_1}^{x_2} (f(x) - g(x))\,dx \right| + \ldots$$

$$+ \left| \int_{x_n}^{b} (f(x) - g(x))\,dx \right|$$

Dabei spielt es keine Rolle, ob der Graph G_f oberhalb des Graphen G_g liegt oder umgekehrt.

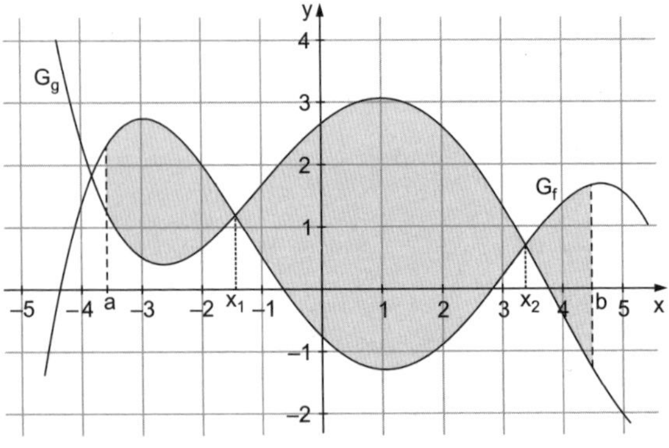

Gegeben sind die Funktionen $f(x) = \sin x$ und $g(x) = \cos x$. Ihre Graphen G_f und G_g sind in der nebenstehenden Abbildung skizziert.
Berechnen Sie den Inhalt der grau getönten Fläche.

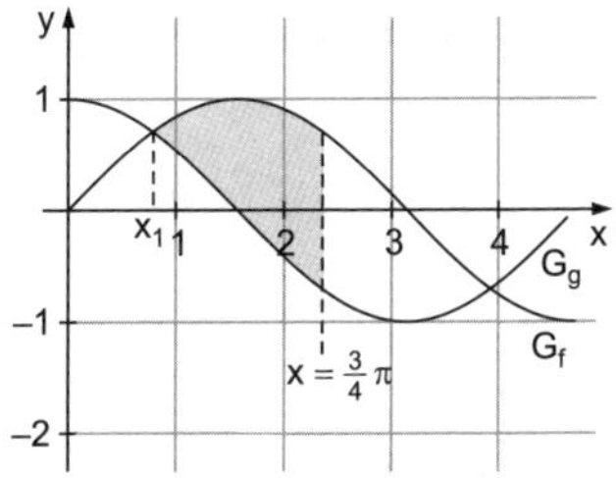

Rechte Integrationsgrenze:
$b = \frac{3}{4}\pi$ (siehe Skizze)

Linke Integrationsgrenze:
Entspricht der Schnittstelle von G_f und G_g im Intervall $\left]0; \frac{3}{4}\pi\right[$.

$$f(x) = g(x) \Leftrightarrow \sin x = \cos x$$
$$\Leftrightarrow \frac{\sin x}{\cos x} = 1$$
$$\Leftrightarrow \tan x = 1$$
$$\Leftrightarrow x = \frac{\pi}{4}$$

(Taschenrechner auf Bogenmaß stellen!)

Die linke Integrationsgrenze lautet also $a = \frac{\pi}{4}$.

Flächeninhalt:

$$A = \left| \int_{\frac{\pi}{4}}^{\frac{3}{4}\pi} (\sin x - \cos x)\, dx \right| = \left| \left[-\cos x - \sin x\right]_{\frac{\pi}{4}}^{\frac{3}{4}\pi} \right|$$
$$= \left| -\cos\left(\tfrac{3}{4}\pi\right) - \sin\left(\tfrac{3}{4}\pi\right) - \left(-\cos\left(\tfrac{\pi}{4}\right) - \sin\left(\tfrac{\pi}{4}\right)\right) \right|$$
$$= \left| -\left(-\tfrac{1}{2}\sqrt{2}\right) - \tfrac{1}{2}\sqrt{2} - \left(-\tfrac{1}{2}\sqrt{2} - \tfrac{1}{2}\sqrt{2}\right) \right|$$
$$= \left| \tfrac{1}{2}\sqrt{2} - \tfrac{1}{2}\sqrt{2} + \tfrac{1}{2}\sqrt{2} + \tfrac{1}{2}\sqrt{2} \right|$$
$$= \sqrt{2} \approx 1{,}41$$

8 Integralfunktion

Eine Funktion der Form

$$I_a(x) = \int_a^x f(t)\,dt$$

mit einer festen unteren Grenze $a \in \mathbb{D}_f$ und einer variablen oberen Grenze heißt Integralfunktion von f. Es gilt:

$$I_a(x) = \int_a^x f(t)\,dt = F(x) - F(a), \quad \text{wobei F Stammfunktion von f ist.}$$

Hauptsatz der Differenzial- und Integralrechnung
Jede Integralfunktion $I_a(x)$ von f ist eine (durch a festgelegte) Stammfunktion aus der Menge $\int f(x)\,dx = F(x) + C$ aller Stammfunktionen von f, denn es gilt: $I'_a(x) = F'(x) = f(x)$

Wichtige Eigenschaften
Auch ohne die Integralfunktion integralfrei darzustellen, kann man bereits einige wichtige Eigenschaften angeben.

1. $I_a(x)$ hat mindestens eine Nullstelle, nämlich bei $x = a$:
   $$I_a(a) = \int_a^a f(t)\,dt = 0$$
2. $I'_a(x) = f(x) \Rightarrow$ Nullstellen von $f(x) \mathrel{\hat{=}}$ Extremstellen oder Sattelstellen von $I_a(x)$
3. $I''_a(x) = f'(x) \Rightarrow$ Extremstellen von $f(x) \mathrel{\hat{=}}$ Wendestellen von $I_a(x)$

Vergleich

$\int f(x)\,dx$: Unbestimmtes Integral; keine Grenzen; eine Menge von Funktionen: $F(x) + C$

$\int_a^x f(t)\,dt$: Integralfunktion; feste untere Grenze a; eine Funktion: $F(x) - F(a)$

$\int_a^b f(x)\,dx$: Bestimmtes Integral; zwei Grenzen a und b; eine Zahl: $F(b) - F(a)$

1. Gegeben ist die Integralfunktion $I_1(x) = \int_1^x (-t+2)\,dt$. Berechnen Sie eine integralfreie Darstellung.

$$I_1(x) = \int_1^x (-t+2)\,dt = \left[-\tfrac{1}{2}t^2 + 2t\right]_1^x$$
$$= -\tfrac{1}{2}x^2 + 2x - \left(-\tfrac{1}{2}\cdot 1^1 + 2\cdot 1\right) = -\tfrac{1}{2}x^2 + 2x - \tfrac{3}{2}$$

2. Die Skizze zeigt den Graphen einer linearen Funktion f.

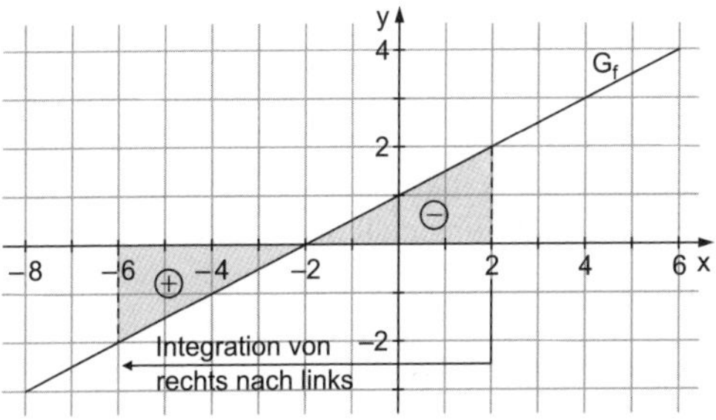

Bestimmen Sie ohne Rechnung alle Nullstellen der Integralfunktion $I_2(x) = \int_2^x f(t)\,dt$.

Erste Nullstelle: $x_1 = 2$ (untere Integrationsgrenze)
Zweite Nullstelle: $x_2 = -6$ (Flächenbilanz von $I_2(x)$ ist an dieser Stelle 0, vgl. Skizze)

Begründung:
$I_2(x) \mathrel{\hat{=}}$ bestimmtes Integral der Funktion f von 2 bis x
$\mathrel{\hat{=}}$ Flächenbilanz zwischen G_f und x-Achse im Intervall]2; x[

Integration von $x = 2$ nach rechts: nur positiver Beitrag zur Flächenbilanz $\Rightarrow$ keine weiteren Nullstellen

Integration von $x = 2$ nach links: zuerst negativer Beitrag zur Flächenbilanz bis $x = -2$, ab dann positiver Beitrag
$\Rightarrow$ bei $x = -6$ ist die Flächenbilanz 0
$\Rightarrow$ $x_2 = -6$ zweite Nullstelle
$\Rightarrow$ keine weiteren Nullstellen

9 Anwendungen

Aufgaben zu den nachfolgenden Themen sind zumeist nur Gegenstand des Wahlteils, da die erforderlichen Berechnungen ohne Hilfsmittel nicht zu leisten sind. Denken Sie daran, hierbei Ihren GTR und Ihre Formelsammlung einzusetzen.

9.1 Rekonstruierter Bestand

Gibt die Funktion f(t) die Änderungs-, Zuwachs- oder Zerfallsrate einer Größe an, so lässt sich der Bestand bzw. der Zuwachs dieser Größe nach einem bestimmten Zeitintervall mithilfe des bestimmten Integrals berechnen:

$F = \int_a^b f(t)\,dt$ Bestand bzw. Zuwachs der Größe im Zeitraum [a; b]

Gibt f(t) z. B. die momentane Zuflussrate des Wassers bei Füllung eines zuvor leeren Beckens an, lässt sich mit dem bestimmten Integral die Wassermenge im Becken nach einer bestimmten Zeit berechnen.

9.2 Mittelwert

Beschreibt die Funktion f(t) den Wert einer Größe in Abhängigkeit von der Zeit, so lässt sich der durchschnittliche Wert dieser Größe in einem bestimmten Zeitraum mithilfe des bestimmten Integrals berechnen:

$\frac{1}{b-a} \cdot \int_a^b f(t)\,dt$ Mittelwert der Größe im Zeitraum [a; b]

Die Funktion $f(t) = 10 \cdot \sin\left(\frac{\pi}{190}(t-120)\right) + 13$ gibt für $0 \le t \le 365$ die Wassertemperatur eines Sees im Jahresverlauf an (t in Tagen, f(t) in °C). Die durchschnittliche Wassertemperatur des Sees beträgt dann:

$$\frac{1}{365} \cdot \int_0^{365} f(t)\,dt \overset{\text{GTR}}{\approx} \frac{1}{365} \cdot 4873{,}53 \approx 13{,}35\ [°C]$$

9.3 Volumen von Rotationskörpern

Beschreibt der Graph der Funktion f(x) im Bereich [a; b] die Außenkontur eines Körpers, der bei Rotation des Graphen um die x-Achse entsteht, so kann das Volumen dieses sogenannten Rotationskörpers mithilfe des bestimmten Integrals berechnet werden:

$$V = \pi \cdot \int_a^b (f(x))^2 \, dx$$

Manchmal muss der Funktionsgraph erst (nach oben oder unten) verschoben werden, damit die obige Formel angewendet werden kann.

Die Funktion $f(x) = \frac{455 + 3x^3}{57 + x^3}$ beschreibt im Bereich $0 \le x \le 8$ bei Rotation um die Gerade $y = 3$ einen Trichter (x und f(x) in cm). Bestimmen Sie das Volumen V des Trichters.

Damit die Formel angewendet werden kann, muss der Funktionsgraph um 3 Einheiten nach unten verschoben werden, um eine Rotation um die x-Achse zu erreichen. Die entsprechende Funktion lautet dann:

$$g(x) = \frac{455 + 3x^3}{57 + x^3} - 3 = \frac{455 + 3x^3 - 171 - 3x^3}{57 + x^3} = \frac{284}{57 + x^3}$$

$$\Rightarrow \quad V = \pi \cdot \int_0^8 (g(x))^2 \, dx \overset{\text{GTR}}{\approx} \pi \cdot 76{,}59 \approx 240{,}61 \; [\text{cm}^3]$$

9.4 Wachstum und Differenzialgleichungen

Exponentielles Wachstum und exponentieller Zerfall

Liegt exponentielles Wachstum bzw. exponentieller Zerfall vor, ist die Änderungsrate proportional zum aktuellen Bestand.

Differenzialgleichung: $B'(t) = k \cdot B(t)$ bzw. $B'(t) = -k \cdot B(t)$

Bestandsfunktion (Lösung): $B(t) = B_0 \cdot e^{k \cdot t}$ bzw. $B(t) = B_0 \cdot e^{-k \cdot t}$

B_0: Anfangsbestand für $t = 0$; $B_0 > 0$

t: Zeit ab einem bestimmten Startpunkt; $t \ge 0$

k: Proportionalitätsfaktor; $k > 0$

B(t): Bestand nach der Zeit t

Exponentielles Wachstum

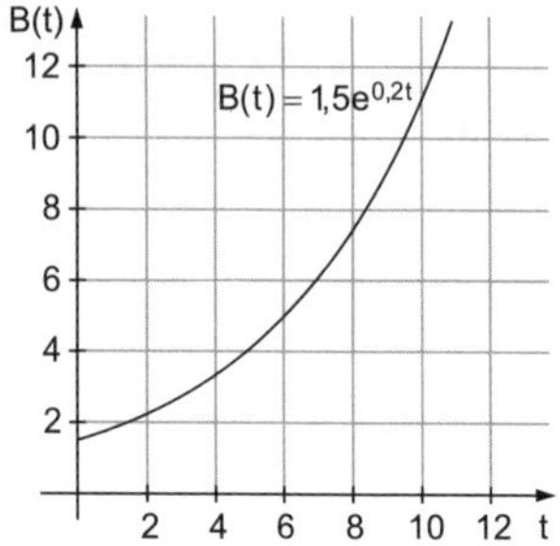

Exponentieller Zerfall
(Asymptote $y=0$ für $t \to \infty$)

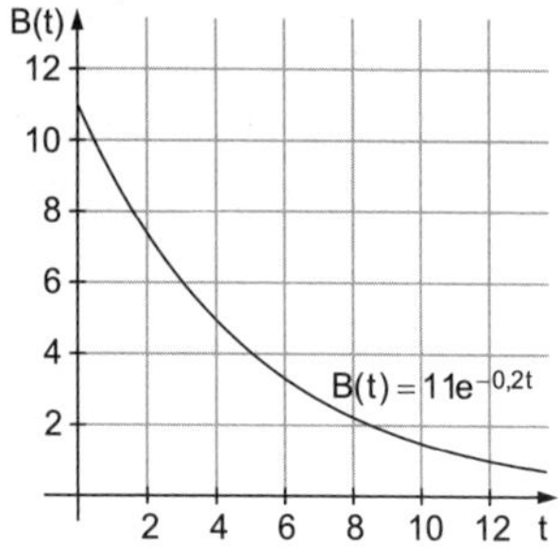

Beschränktes Wachstum

Liegt beschränktes Wachstum vor, so ist die Bestandsgröße durch eine sogenannte **Sättigungsgrenze S** nach oben beschränkt. Die Änderungsrate ist dann proportional zum jeweiligen Restbestand, d. h. zur Differenz aus Sättigungsgrenze und aktuellem Bestand.

Differenzialgleichung: $B'(t) = k \cdot (S - B(t))$

Bestandsfunktion (Lösung): $B(t) = S - a \cdot e^{-k \cdot t}$

t: Zeit ab einem bestimmten Startpunkt; $t \geq 0$

k: Proportionalitätsfaktor; $k > 0$

B(t): Bestand nach der Zeit t

a: Differenz aus Sättigungsgrenze und Anfangsbestand, $a = S - B(0)$

Beschränktes Wachstum mit Sättigungsgrenze $S = 95$ und Anfangswert $B(0) = 95 - 70 = 25$ ($y = 95$ ist waagrechte Asymptote für $t \to \infty$)

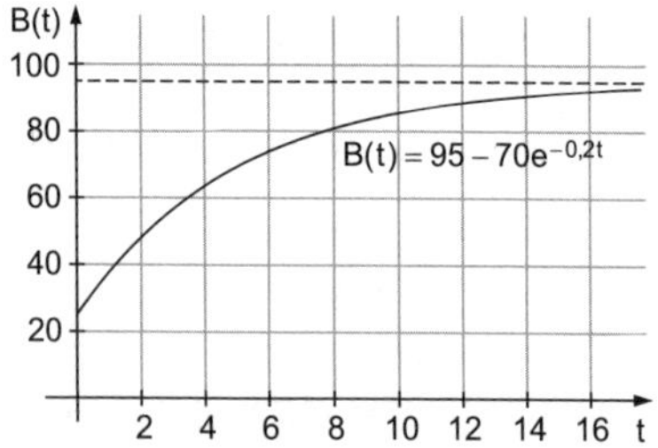

Analog gibt es beschränkte Abnahmevorgänge, wenn der Bestand nach unten beschränkt ist. Die Bestandsfunktion lautet $B(t) = S + a \cdot e^{-k \cdot t}$; dies entspricht dem um S verschobenen exponentiellen Zerfall.

Analytische Geometrie

1 Lineare Gleichungssysteme

Lineare Gleichungssysteme und deren Lösbarkeit spielen bei Fragestellungen der analytischen Geometrie, insbesondere bei der Untersuchung von Lagebeziehungen, eine große Rolle.

Ein lineares Gleichungssystem (LGS) der Form

$$\begin{array}{ccccccccc} a_{11}x_1 & + & a_{12}x_2 & + & \cdots & + & a_{1n}x_n & = & b_1 \\ a_{21}x_1 & + & a_{22}x_2 & + & \cdots & + & a_{2n}x_n & = & b_2 \\ \vdots & & \vdots & & & & \vdots & & \vdots \\ a_{m1}x_1 & + & a_{m2}x_2 & + & \cdots & + & a_{mn}x_n & = & b_m \end{array}$$

kann entweder keine, genau eine oder unendlich viele Lösungen haben.

Um die Lösung eines LGS zu bestimmen, bringt man es durch Zeilenumformungen auf Stufenform, sodass die Werte für die einzelnen Variablen nacheinander abgelesen werden können.

$$\begin{array}{rl} 2x_1 - x_2 + 4x_3 = 16 & \\ 5x_1 - 2x_2 + 3x_3 = 1 & \\ x_1 - x_2 + x_3 = 7 & \cdot(-2) \quad \cdot(-5) \end{array} ; \qquad \begin{array}{rl} x_2 + 2x_3 = 2 & \cdot 1 \\ 3x_2 - 2x_3 = -34 & \\ x_1 - x_2 + x_3 = 7 & \end{array} ;$$

$$\begin{array}{r} x_2 + 2x_3 = 2 \\ 4x_2 = -32 \\ x_1 - x_2 + x_3 = 7 \end{array}$$

Umordnen der Zeilen des letzten LGS ergibt die Stufenform:

$$\begin{array}{r} x_1 - x_2 + x_3 = 7 \\ x_2 + 2x_3 = 2 \\ 4x_2 = -32 \end{array}$$

Daraus lässt sich von unten nach oben die Lösung ablesen:

$x_2 = -8$; $x_3 = 5$; $x_1 = -6$ oder in Vektorform: $\vec{x} = \begin{pmatrix} -6 \\ -8 \\ 5 \end{pmatrix}$

2 Vektoren

Ein Vektor $\vec{a}$ ist durch seine Länge und seine Richtung festgelegt und kann anschaulich als Pfeil dargestellt werden.
Einen Vektor, der den Ursprung mit einem Punkt A verbindet, nennt man Ortsvektor; Bezeichnung: $\overrightarrow{OA}$ oder $\vec{a}$
Den Pfeil, der die Verschiebung von A nach B angibt, nennt man auch Verbindungsvektor; Bezeichnung: $\overrightarrow{AB}$

2.1 Rechnen mit Vektoren

Addition und Subtraktion
Zwei Vektoren $\vec{a}$ und $\vec{b}$ werden addiert bzw. subtrahiert, indem die einzelnen Koordinaten der Vektoren addiert bzw. subtrahiert werden:

$$\vec{a}+\vec{b}=\begin{pmatrix}a_1\\a_2\\a_3\end{pmatrix}+\begin{pmatrix}b_1\\b_2\\b_3\end{pmatrix}=\begin{pmatrix}a_1+b_1\\a_2+b_2\\a_3+b_3\end{pmatrix} \text{ bzw. } \vec{a}-\vec{b}=\begin{pmatrix}a_1\\a_2\\a_3\end{pmatrix}-\begin{pmatrix}b_1\\b_2\\b_3\end{pmatrix}=\begin{pmatrix}a_1-b_1\\a_2-b_2\\a_3-b_3\end{pmatrix}$$

Skalare Multiplikation
Ein Vektor $\vec{a}$ wird mit einem Skalar $r \in \mathbb{R}$ multipliziert, indem jede Koordinate von $\vec{a}$ mit r multipliziert wird:

$$r\cdot\vec{a}=r\cdot\begin{pmatrix}a_1\\a_2\\a_3\end{pmatrix}=\begin{pmatrix}r\cdot a_1\\r\cdot a_2\\r\cdot a_3\end{pmatrix}$$

Spezialfall: $-1\cdot\vec{a}=-\vec{a}$ Gegenvektor von $\vec{a}$

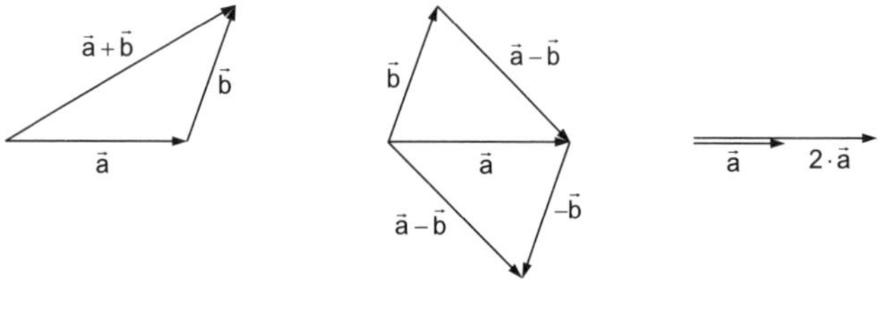

Mittelpunkt einer Strecke
Für den Ortsvektor des Mittelpunktes M der Strecke [AB] gilt:

$$\overrightarrow{OM}=\frac{1}{2}\cdot(\overrightarrow{OA}+\overrightarrow{OB})$$

2.2 Lineare (Un-)Abhängigkeit von Vektoren

Die Vektoren $\vec{a}_1, \ldots, \vec{a}_n$ sind voneinander linear abhängig, wenn sich mindestens einer dieser Vektoren als Linearkombination der anderen schreiben lässt. Andernfalls heißen die Vektoren linear unabhängig.

Zwei Vektoren $\vec{a}$ und $\vec{b}$ sind

- linear abhängig, wenn $\vec{a}$ ein skalares Vielfaches von $\vec{b}$ ist bzw. $\vec{a}$ und $\vec{b}$ parallel sind, d. h.:
  $\vec{a} = k \cdot \vec{b}$ mit $k \in \mathbb{R}$ bzw. $\vec{a} \parallel \vec{b}$
- linear unabhängig, wenn $\vec{a} \neq k \cdot \vec{b}$ mit $k \in \mathbb{R}$ bzw. $\vec{a} \nparallel \vec{b}$.

Drei Vektoren $\vec{a}, \vec{b}$ und $\vec{c}$ sind

- linear abhängig, wenn sie alle in einer Ebene liegen.
- linear unabhängig, wenn sie den Raum $\mathbb{R}^3$ aufspannen.

Schema zur rechnerischen Überprüfung dreier Vektoren auf lineare (Un-)Abhängigkeit:

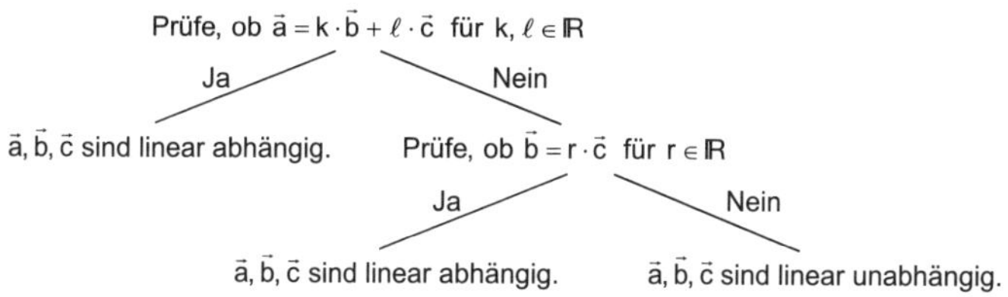

Bemerkung: Mehr als 3 Vektoren im $\mathbb{R}^3$ sind immer linear abhängig.

2.3 Skalarprodukt

Das Skalarprodukt $\vec{a} \cdot \vec{b}$ zweier Vektoren $\vec{a}$ und $\vec{b}$ ist eine Zahl und wird folgendermaßen berechnet:

$$\vec{a} \cdot \vec{b} = \begin{pmatrix} a_1 \\ a_2 \\ a_3 \end{pmatrix} \cdot \begin{pmatrix} b_1 \\ b_2 \\ b_3 \end{pmatrix} = a_1 b_1 + a_2 b_2 + a_3 b_3$$

Mithilfe des Skalarprodukts lässt sich

- die Länge (der Betrag) eines Vektors $\vec{a}$ berechnen:
  $|\vec{a}| = \sqrt{\vec{a} \cdot \vec{a}} = \sqrt{a_1^2 + a_2^2 + a_3^2}$

- prüfen, ob zwei Vektoren $\vec{a}$ und $\vec{b}$ senkrecht zueinander sind:
  $\vec{a} \perp \vec{b} \quad \Leftrightarrow \quad \vec{a} \cdot \vec{b} = 0 \quad (\vec{a} \neq \vec{o}, \vec{b} \neq \vec{o})$
- der Winkel γ zwischen zwei Vektoren $\vec{a}$ und $\vec{b}$ berechnen:
  $\cos\gamma = \frac{\vec{a} \cdot \vec{b}}{|\vec{a}| \cdot |\vec{b}|} \quad (\vec{a} \neq \vec{o}, \vec{b} \neq \vec{o}; 0 \leq \gamma \leq 180°)$

$\vec{a} = \begin{pmatrix} 2 \\ -4 \\ 4 \end{pmatrix}, \ \vec{b} = \begin{pmatrix} 5 \\ 3 \\ -1 \end{pmatrix}$

Länge der Vektoren:

$|\vec{a}| = \sqrt{2^2 + (-4)^2 + 4^2} = \sqrt{36} = 6$

$|\vec{b}| = \sqrt{5^2 + 3^2 + (-1)^2} = \sqrt{35}$

Skalarprodukt:

$\vec{a} \cdot \vec{b} = \begin{pmatrix} 2 \\ -4 \\ 4 \end{pmatrix} \cdot \begin{pmatrix} 5 \\ 3 \\ -1 \end{pmatrix} = 2 \cdot 5 + (-4) \cdot 3 + 4 \cdot (-1) = -6 \neq 0 \quad \Rightarrow \quad \vec{a} \not\perp \vec{b}$

Winkel:

$\cos\gamma = \frac{-6}{6 \cdot \sqrt{35}} = -\frac{1}{\sqrt{35}} \quad \Rightarrow \quad \gamma = \cos^{-1}\left(-\frac{1}{\sqrt{35}}\right) \approx 99{,}73°$

2.4 Vektor- bzw. Kreuzprodukt

Das Vektorprodukt ist nicht Teil des baden-württembergischen Bildungsplans, erleichtert aber die Bestimmung eines Normalenvektors einer Ebene (vgl. Abschnitte 3.3 und 3.4) und wird deshalb hier der Vollständigkeit halber aufgeführt.

Das Vektor- oder Kreuzprodukt $\vec{a} \times \vec{b}$ zweier Vektoren $\vec{a}$ und $\vec{b}$ ist wieder ein Vektor und wird folgendermaßen berechnet:

$$\vec{a} \times \vec{b} = \begin{pmatrix} a_1 \\ a_2 \\ a_3 \end{pmatrix} \times \begin{pmatrix} b_1 \\ b_2 \\ b_3 \end{pmatrix} = \begin{pmatrix} a_2b_3 - a_3b_2 \\ a_3b_1 - a_1b_3 \\ a_1b_2 - a_2b_1 \end{pmatrix}$$

Dieser Vektor steht senkrecht auf den beiden Vektoren $\vec{a}$ und $\vec{b}$, d. h.:

$\vec{c} = \vec{a} \times \vec{b} \quad \Rightarrow \quad \vec{c} \perp \vec{a} \ \text{ und } \ \vec{c} \perp \vec{b}$

3 Geraden und Ebenen

3.1 Geraden

Eine Gerade kann beschrieben werden durch eine Gleichung der Form:

g: $\vec{x} = \overrightarrow{OA} + r \cdot \vec{u}$; $r \in \mathbb{R}$ (Parametergleichung)

Dabei heißt A Stützpunkt und $\vec{u}$ Richtungsvektor der Geraden.

Eine Gerade g wird eindeutig bestimmt durch

- zwei Punkte A und B:

  g: $\vec{x} = \overrightarrow{OA} + r \cdot \overrightarrow{AB}$; $r \in \mathbb{R}$

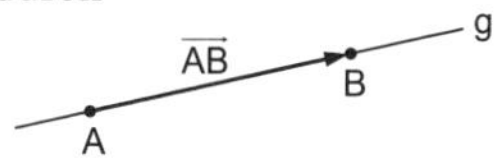

- einen Punkt A und einen Vektor $\vec{u}$:

  g: $\vec{x} = \overrightarrow{OA} + r \cdot \vec{u}$; $r \in \mathbb{R}$

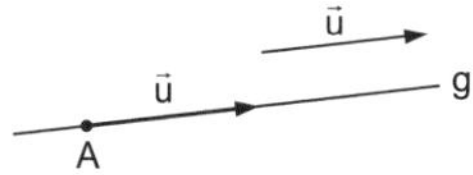

Die Gerade g sei durch die Punkte A(−1|6|2) und B(5|0|5) festgelegt. Untersuchen Sie, ob der Punkt P(11|−6|8) auf der Geraden g liegt.

Aufstellen der Geradengleichung:

g: $\vec{x} = \overrightarrow{OA} + r \cdot \overrightarrow{AB}$; $r \in \mathbb{R}$

$$g: \vec{x} = \begin{pmatrix} -1 \\ 6 \\ 2 \end{pmatrix} + r \cdot \left[\begin{pmatrix} 5 \\ 0 \\ 5 \end{pmatrix} - \begin{pmatrix} -1 \\ 6 \\ 2 \end{pmatrix} \right] = \begin{pmatrix} -1 \\ 6 \\ 2 \end{pmatrix} + r \cdot \begin{pmatrix} 6 \\ -6 \\ 3 \end{pmatrix}; \quad r \in \mathbb{R}$$

Oder mit vereinfachtem Richtungsvektor:

$$g: \vec{x} = \begin{pmatrix} -1 \\ 6 \\ 2 \end{pmatrix} + s \cdot \begin{pmatrix} 2 \\ -2 \\ 1 \end{pmatrix}; \quad s \in \mathbb{R}$$

Ortsvektor von P in die Gleichung von g einsetzen (Punktprobe):

$$\begin{pmatrix} 11 \\ -6 \\ 8 \end{pmatrix} = \begin{pmatrix} -1 \\ 6 \\ 2 \end{pmatrix} + s \cdot \begin{pmatrix} 2 \\ -2 \\ 1 \end{pmatrix}$$

$$\Rightarrow \begin{cases} 11 = -1 + 2s & \Leftrightarrow \quad 12 = 2s \quad \Rightarrow \quad s = 6 \\ -6 = 6 - 2s & \Leftrightarrow \quad -12 = -2s \quad \Rightarrow \quad s = 6 \\ 8 = 2 + s & \Rightarrow \quad s = 6 \end{cases}$$

$\Rightarrow$ $P \in g$ (P liegt auf der Geraden g.)

Lage einer Geraden g im Koordinatensystem
Um die Lage einer Geraden im Koordinatensystem zu beschreiben, betrachtet man den Richtungsvektor der Geraden.

Die Gerade g: $\vec{x} = \overrightarrow{OA} + r \cdot \vec{u};\ r \in \mathbb{R}$ verläuft

- parallel zur x_1-Achse, wenn die x_2- und die x_3-Koordinate von $\vec{u}$ null sind, d. h., wenn gilt:
  $\vec{u} = u_1 \cdot \begin{pmatrix} 1 \\ 0 \\ 0 \end{pmatrix}$ mit $u_1 \in \mathbb{R}$
- parallel zur x_2-Achse, wenn die x_1- und die x_3-Koordinate von $\vec{u}$ null sind, d. h., wenn gilt:
  $\vec{u} = u_2 \cdot \begin{pmatrix} 0 \\ 1 \\ 0 \end{pmatrix}$ mit $u_2 \in \mathbb{R}$
- parallel zur x_3-Achse, wenn die x_1- und die x_2-Koordinate von $\vec{u}$ null sind, d. h., wenn gilt:
  $\vec{u} = u_3 \cdot \begin{pmatrix} 0 \\ 0 \\ 1 \end{pmatrix}$ mit $u_3 \in \mathbb{R}$
- parallel zur x_1x_2-Ebene, wenn die x_3-Koordinate von $\vec{u}$ null ist.
- parallel zur x_1x_3-Ebene, wenn die x_2-Koordinate von $\vec{u}$ null ist.
- parallel zur x_2x_3-Ebene, wenn die x_1-Koordinate von $\vec{u}$ null ist.

$g_1\!: \vec{x} = \begin{pmatrix} 4 \\ 1 \\ 3 \end{pmatrix} + r \cdot \begin{pmatrix} 0 \\ 0 \\ -2 \end{pmatrix};\ r \in \mathbb{R}$

Die x_1- und die x_2-Koordinate von $\vec{u}$ sind null und es gilt:

$\vec{u} = \begin{pmatrix} 0 \\ 0 \\ -2 \end{pmatrix} = -2 \cdot \begin{pmatrix} 0 \\ 0 \\ 1 \end{pmatrix}$

$\Rightarrow\ g_1 \parallel x_3$-Achse

$g_2\!: \vec{x} = \begin{pmatrix} 4 \\ 1 \\ 3 \end{pmatrix} + s \cdot \begin{pmatrix} 2 \\ 3 \\ 0 \end{pmatrix};\ s \in \mathbb{R}$

Die x_3-Koordinate von $\vec{u} = \begin{pmatrix} 2 \\ 3 \\ 0 \end{pmatrix}$ ist null.

$\Rightarrow\ g_2 \parallel x_1x_2$-Ebene

3.2 Ebenen in Parameterform

Eine Ebene kann beschrieben werden durch eine Gleichung der Form

E: $\vec{x} = \overrightarrow{OA} + s \cdot \vec{u} + t \cdot \vec{v}$; $s, t \in \mathbb{R}$ (Parametergleichung),

wobei $\vec{u}$ und $\vec{v}$ nicht parallel, also linear unabhängig sind.
Dabei heißt A Stützpunkt der Ebene und $\vec{u}$ und $\vec{v}$ heißen Spannvektoren der Ebene.

Eine Ebene E wird eindeutig bestimmt durch

- drei Punkte A, B und C:
  E: $\vec{x} = \overrightarrow{OA} + s \cdot \overrightarrow{AB} + t \cdot \overrightarrow{AC}$; $s, t \in \mathbb{R}$

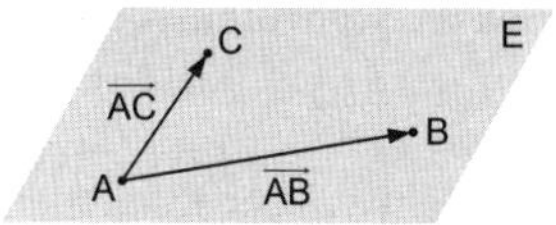

- einen Punkt A und zwei linear unabhängige Vektoren $\vec{u}$ und $\vec{v}$:
  E: $\vec{x} = \overrightarrow{OA} + s \cdot \vec{u} + t \cdot \vec{v}$; $s, t \in \mathbb{R}$

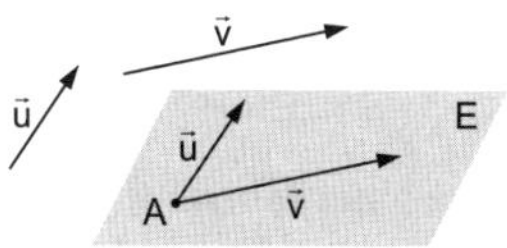

- eine Gerade g: $\vec{x} = \overrightarrow{OA} + s \cdot \vec{u}$ und einen Punkt $B \notin g$:
  E: $\vec{x} = \overrightarrow{OA} + s \cdot \vec{u} + t \cdot \overrightarrow{AB}$; $s, t \in \mathbb{R}$

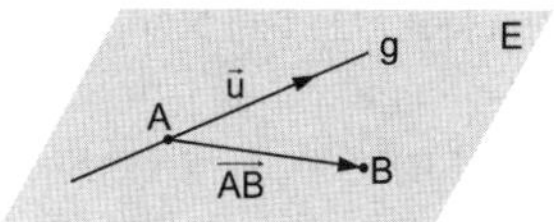

- zwei sich schneidende Geraden g: $\vec{x} = \overrightarrow{OA} + s \cdot \vec{u}$ und h: $\vec{x} = \overrightarrow{OB} + t \cdot \vec{v}$:
  E: $\vec{x} = \overrightarrow{OA} + s \cdot \vec{u} + t \cdot \vec{v}$; $s, t \in \mathbb{R}$

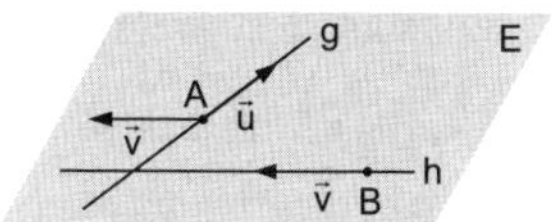

- zwei echt parallele Geraden g: $\vec{x} = \overrightarrow{OA} + s \cdot \vec{u}$ und h: $\vec{x} = \overrightarrow{OB} + t \cdot \vec{v}$:
  E: $\vec{x} = \overrightarrow{OA} + s \cdot \vec{u} + t \cdot \overrightarrow{AB}$; $s, t \in \mathbb{R}$

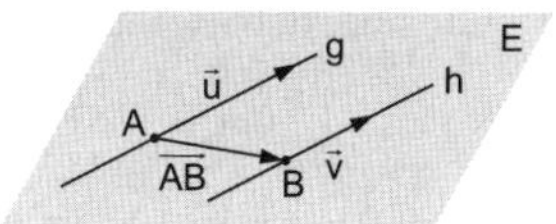

3.3 Ebenen in Normalen- bzw. Koordinatenform

Ein Vektor $\vec{n}$, der senkrecht auf einer Ebene E steht, heißt **Normalenvektor** der Ebene E. Damit lässt sich die Gleichung der Ebene in der sog. **Normalenform** schreiben:

E: $\vec{n} \cdot (\vec{x} - \overrightarrow{OA}) = 0$

mit $\vec{n} = \begin{pmatrix} n_1 \\ n_2 \\ n_3 \end{pmatrix}$ als Normalenvektor von E und einem Punkt A der Ebene.

Multipliziert man das Skalarprodukt in der Gleichung aus, so ergibt sich die **Koordinatengleichung** der Ebene:

E: $n_1x_1 + n_2x_2 + n_3x_3 = a$

Die Zahl a in der Koordinatengleichung ergibt sich durch Einsetzen der Koordinaten von A in die Gleichung $n_1x_1 + n_2x_2 + n_3x_3 = a$ oder durch Berechnung des Skalarprodukts $\vec{n} \cdot \overrightarrow{OA} = a$.

Lage einer Ebene E im Koordinatensystem

Um die Lage einer Ebene im Koordinatensystem zu beschreiben, betrachtet man den Normalenvektor der Ebene. Dazu wandelt man die Ebenengleichung ggf. in Normalen- bzw. Koordinatenform um.

Die Ebene E: $\vec{n} \cdot (\vec{x} - \overrightarrow{OA}) = 0$ bzw. E: $n_1x_1 + n_2x_2 + n_3x_3 = a$ liegt

- parallel zur x_2x_3-Ebene, wenn die x_2- und die x_3-Koordinate von $\vec{n}$ null sind, d. h., wenn gilt:

  $\vec{n} = n_1 \cdot \begin{pmatrix} 1 \\ 0 \\ 0 \end{pmatrix}$ mit $n_1 \in \mathbb{R}$ bzw. E: $n_1x_1 = a$
- parallel zur x_1x_3-Ebene, wenn die x_1- und die x_3-Koordinate von $\vec{n}$ null sind, d. h., wenn gilt:

  $\vec{n} = n_2 \cdot \begin{pmatrix} 0 \\ 1 \\ 0 \end{pmatrix}$ mit $n_2 \in \mathbb{R}$ bzw. E: $n_2x_2 = a$
- parallel zur x_1x_2-Ebene, wenn die x_1- und die x_2-Koordinate von $\vec{n}$ null sind, d. h., wenn gilt:

  $\vec{n} = n_3 \cdot \begin{pmatrix} 0 \\ 0 \\ 1 \end{pmatrix}$ mit $n_3 \in \mathbb{R}$ bzw. E: $n_3x_3 = a$
- parallel zur x_1-Achse, wenn die x_1-Koordinate von $\vec{n}$ null ist.
- parallel zur x_2-Achse, wenn die x_2-Koordinate von $\vec{n}$ null ist.
- parallel zur x_3-Achse, wenn die x_3-Koordinate von $\vec{n}$ null ist.

$E_1\colon x_2 = 4 \;\Rightarrow\; \vec{n}_{E_1} = \begin{pmatrix} 0 \\ 1 \\ 0 \end{pmatrix}$

Die x_1- und die x_3-Koordinate von $\vec{n}_{E_1}$ sind null.

$\Rightarrow\; E_1 \parallel x_1x_3$-Ebene

$E_2\colon 2x_2 - 3x_3 = -5 \;\Rightarrow\; \vec{n}_{E_2} = \begin{pmatrix} 0 \\ 2 \\ -3 \end{pmatrix}$

Die x_1-Koordinate von $\vec{n}_{E_2}$ ist null.

$\Rightarrow\; E_2 \parallel x_1$-Achse

Liegt keine besondere Lage der Ebene E bzgl. des Koordinatensystems vor, lässt sich die Ebene durch Berechnung der **Spurpunkte** (Schnittpunkte der Ebene mit den Koordinatenachsen) im Koordinatensystem darstellen:

$E\colon 12x_1 + 15x_2 + 20x_3 = 60$
Schnittpunkt mit der x_1-Achse
$(x_2 = x_3 = 0)$: $S_1(5\,|\,0\,|\,0)$
Schnittpunkt mit der x_2-Achse
$(x_1 = x_3 = 0)$: $S_2(0\,|\,4\,|\,0)$
Schnittpunkt mit der x_3-Achse
$(x_1 = x_2 = 0)$: $S_3(0\,|\,0\,|\,3)$

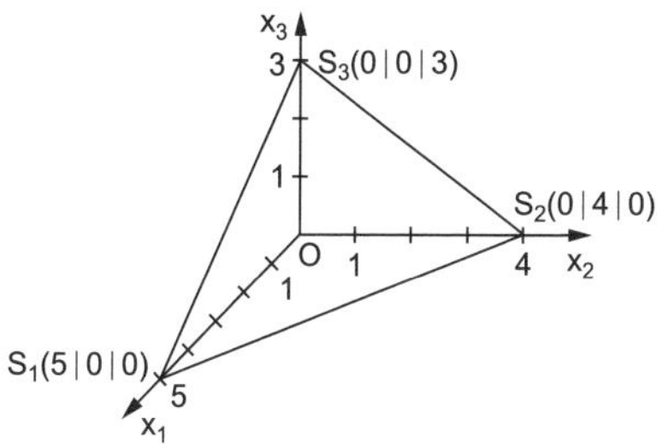

3.4 Umwandlung: Parameterform in Koordinatenform

Vorgehensweise

Gegeben: $E\colon \vec{x} = \overrightarrow{OA} + s \cdot \vec{u} + t \cdot \vec{v};\quad s, t \in \mathbb{R}$

Schritt 1: Normalenvektor der Ebene mithilfe der Spannvektoren ermitteln: $\vec{n} \cdot \vec{u} = 0$ und $\vec{n} \cdot \vec{v} = 0$ (oder $\vec{n} = \vec{u} \times \vec{v}$)

Schritt 2: Koordinatengleichung der Ebene mithilfe des Stützpunktes A (aus der Parameterform der Ebene) und des Normalenvektors angeben:

$E\colon n_1x_1 + n_2x_2 + n_3x_3 = a$ und Punktprobe mit A bzw.

$E\colon \vec{n} \cdot (\vec{x} - \overrightarrow{OA}) = 0$ und ausmultiplizieren

$$E:\ \vec{x} = \begin{pmatrix} 2 \\ -1 \\ 0 \end{pmatrix} + s \cdot \begin{pmatrix} -3 \\ 1 \\ 0 \end{pmatrix} + t \cdot \begin{pmatrix} 0 \\ 0 \\ 1 \end{pmatrix};\ s, t \in \mathbb{R}$$

Schritt 1:

$$\begin{pmatrix} n_1 \\ n_2 \\ n_3 \end{pmatrix} \cdot \begin{pmatrix} -3 \\ 1 \\ 0 \end{pmatrix} = 0 \text{ und } \begin{pmatrix} n_1 \\ n_2 \\ n_3 \end{pmatrix} \cdot \begin{pmatrix} 0 \\ 0 \\ 1 \end{pmatrix} = 0 \Rightarrow \text{ z. B. } n_3 = 0;\ n_2 = 3;\ n_1 = 1$$

$$\text{oder: } \vec{n} = \begin{pmatrix} -3 \\ 1 \\ 0 \end{pmatrix} \times \begin{pmatrix} 0 \\ 0 \\ 1 \end{pmatrix} = \begin{pmatrix} 1-0 \\ 0-(-3) \\ 0-0 \end{pmatrix} = \begin{pmatrix} 1 \\ 3 \\ 0 \end{pmatrix}$$

Schritt 2:

$E:\ x_1 + 3x_2 = a$

Punktprobe mit dem Stützpunkt $A(2\,|\,-1\,|\,0)$ liefert $a = 2 - 3 = -1$, also:

$E:\ x_1 + 3x_2 = -1$

oder:

$$E:\ \begin{pmatrix} 1 \\ 3 \\ 0 \end{pmatrix} \cdot \left[\vec{x} - \begin{pmatrix} 2 \\ -1 \\ 0 \end{pmatrix} \right] = 0$$

$$E:\ \begin{pmatrix} 1 \\ 3 \\ 0 \end{pmatrix} \cdot \begin{pmatrix} x_1 \\ x_2 \\ x_3 \end{pmatrix} - \begin{pmatrix} 1 \\ 3 \\ 0 \end{pmatrix} \cdot \begin{pmatrix} 2 \\ -1 \\ 0 \end{pmatrix} = 0$$

$E:\ 1 \cdot x_1 + 3 \cdot x_2 + 0 \cdot x_3 - (1 \cdot 2 + 3 \cdot (-1) + 0 \cdot 0) = 0$

$E:\ x_1 + 3x_2 = -1$

3.5 Hesse'sche Normalenform

Der **Normaleneinheitsvektor** $\vec{n}_0$ einer Ebene E ist ein Normalenvektor der Länge 1, d. h. $\vec{n}_0 = \frac{\vec{n}}{|\vec{n}|}$ für einen Normalenvektor $\vec{n}$ der Ebene.

Die entsprechende Normalenform der Ebene E heißt **Hesse'sche Normalenform** oder kurz **HNF**:

$E:\ \vec{n}_0 \cdot (\vec{x} - \overrightarrow{OA}) = 0$

bzw. als Koordinatengleichung:

$$E:\ \frac{n_1x_1 + n_2x_2 + n_3x_3 - a}{|\vec{n}|} = 0$$

Die HNF einer Ebene ist hilfreich zur Bestimmung von Abständen bzgl. dieser Ebene (vgl. Abschnitt 5.1).

4 Lagebeziehungen zwischen geometrischen Objekten

4.1 Lage zweier Geraden

Für die gegenseitige Lage zweier Geraden im $\mathbb{R}^3$

$g\colon \vec{x} = \overrightarrow{OA} + r \cdot \vec{u};\ r \in \mathbb{R}$ und $h\colon \vec{x} = \overrightarrow{OB} + s \cdot \vec{v};\ s \in \mathbb{R}$

gibt es vier verschiedene Möglichkeiten:

- g und h schneiden sich in einem Punkt.
- g und h verlaufen (echt) parallel.
- g und h sind identisch.
- g und h verlaufen windschief zueinander.

Schema zur rechnerischen Untersuchung dieser Lagebeziehungen:

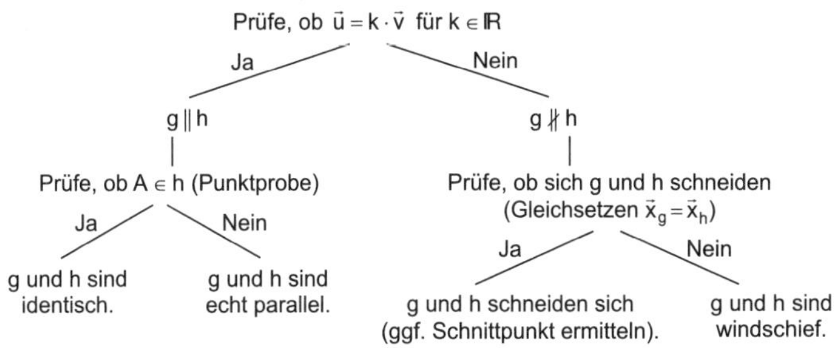

Untersuchen Sie die Lagebeziehung der beiden Geraden

$$g\colon \vec{x} = \begin{pmatrix} 2 \\ 1 \\ 5 \end{pmatrix} + r \cdot \begin{pmatrix} 1 \\ -2 \\ 1 \end{pmatrix};\ r \in \mathbb{R} \quad \text{und} \quad h\colon \vec{x} = \begin{pmatrix} -8 \\ 1 \\ 3 \end{pmatrix} + s \cdot \begin{pmatrix} 3 \\ 4 \\ -1 \end{pmatrix};\ s \in \mathbb{R}$$

und bestimmen Sie gegebenenfalls den Schnittpunkt S.

Schritt 1: Prüfen, ob die beiden Geraden parallel sind, also ob $\vec{u} = k \cdot \vec{v}$ für ein $k \in \mathbb{R}$

$$\begin{pmatrix} 1 \\ -2 \\ 1 \end{pmatrix} = k \cdot \begin{pmatrix} 3 \\ 4 \\ -1 \end{pmatrix} \Rightarrow \left\{ \begin{array}{l} 1 = 3k \Rightarrow k = \frac{1}{3} \\ -2 = 4k \Rightarrow k = -\frac{1}{2} \\ 1 = -k \Rightarrow k = -1 \end{array} \right\} \text{Widerspruch}$$

$\Rightarrow\ g \nparallel h$ (g und h sind nicht parallel.)

Schritt 2: Prüfen, ob g und h einen Schnittpunkt besitzen (allgemeine Ortsvektoren der Geraden gleichsetzen und das resultierende lineare Gleichungssystem auf Lösbarkeit untersuchen)

$$\vec{x}_g = \vec{x}_h \quad \Leftrightarrow \quad \begin{pmatrix} 2 \\ 1 \\ 5 \end{pmatrix} + r \cdot \begin{pmatrix} 1 \\ -2 \\ 1 \end{pmatrix} = \begin{pmatrix} -8 \\ 1 \\ 3 \end{pmatrix} + s \cdot \begin{pmatrix} 3 \\ 4 \\ -1 \end{pmatrix}$$

$$\Rightarrow \begin{cases} \text{I} & 2 + r = -8 + 3s \quad \Rightarrow \quad r = -10 + 3s \quad (*) \\ \text{II} & 1 - 2r = 1 + 4s \\ \text{III} & 5 + r = 3 - s \end{cases}$$

$(*)$ in III: $\quad 5 - 10 + 3s = 3 - s \quad \Rightarrow \quad 4s = 8 \quad \Rightarrow \quad s = 2$

$s = 2$ in $(*)$: $\quad r = -10 + 6 = -4$

Beides in II: $1 - 2 \cdot (-4) = 1 + 4 \cdot 2 \quad \Leftrightarrow \quad 9 = 9$ wahre Aussage

$\Rightarrow$ g und h schneiden sich.

Schritt 3: Berechnen der Koordinaten des Schnittpunktes S

Einsetzen von $r = -4$ in die Gleichung von g (oder $s = 2$ in h):

$$\overrightarrow{OS} = \begin{pmatrix} 2 \\ 1 \\ 5 \end{pmatrix} - 4 \cdot \begin{pmatrix} 1 \\ -2 \\ 1 \end{pmatrix} = \begin{pmatrix} -2 \\ 9 \\ 1 \end{pmatrix} \quad \Rightarrow \quad S(-2\,|\,9\,|\,1)$$

4.2 Lage einer Geraden zu einer Ebene

Für die gegenseitige Lage einer Geraden g: $\vec{x} = \overrightarrow{OA} + r \cdot \vec{u};\ r \in \mathbb{R}$ und einer Ebene E: $n_1x_1 + n_2x_2 + n_3x_3 = a$ gibt es drei verschiedene Möglichkeiten:

- g und E schneiden sich in einem Punkt.
- g und E verlaufen (echt) parallel.
- g liegt (vollständig) in der Ebene E.

Schema zur rechnerischen Untersuchung dieser Lagebeziehungen:

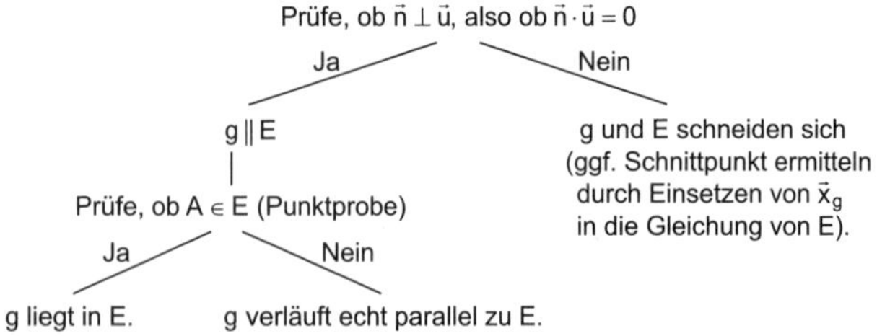

Gegeben sind die Ebene E: $x_1 - 2x_2 = 2$ sowie die Gerade

$$g: \vec{x} = \begin{pmatrix} 2 \\ -4 \\ 2 \end{pmatrix} + r \cdot \begin{pmatrix} 6 \\ 3 \\ -5 \end{pmatrix};\ r \in \mathbb{R}.$$

Untersuchen Sie die Lagebeziehung der Geraden g zur Ebene E und ermitteln Sie gegebenenfalls den Schnittpunkt S.

Schritt 1: Prüfen, ob die Gerade und die Ebene parallel sind, d. h., ob der Normalenvektor von E und der Richtungsvektor von g senkrecht zueinander stehen, also ob $\vec{n} \cdot \vec{u} = 0$

$$\vec{n} \cdot \vec{u} = \begin{pmatrix} 1 \\ -2 \\ 0 \end{pmatrix} \cdot \begin{pmatrix} 6 \\ 3 \\ -5 \end{pmatrix} = 6 - 6 + 0 = 0 \quad \Rightarrow \quad g \parallel E$$

Schritt 2: Prüfen, ob g und E echt parallel sind oder g in E liegt
Einsetzen der Koordinaten des Stützpunktes von g in die Gleichung von E:

$2 - 2 \cdot (-4) = 2 \quad \Leftrightarrow \quad 10 = 2$ Widerspruch

$\Rightarrow$ g und E verlaufen echt parallel zueinander.

4.3 Lage zweier Ebenen

Für die gegenseitige Lage zweier Ebenen

E: $\vec{x} = \overrightarrow{OA} + s \cdot \vec{u} + t \cdot \vec{v};\ s, t \in \mathbb{R}$
F: $m_1x_1 + m_2x_2 + m_3x_3 = b$

oder

E: $n_1x_1 + n_2x_2 + n_3x_3 = a$
F: $m_1x_1 + m_2x_2 + m_3x_3 = b$

gibt es drei verschiedene Möglichkeiten:

- E und F schneiden sich in einer Geraden.
- E und F verlaufen (echt) parallel.
- E und F sind identisch.

Schema zur rechnerischen Untersuchung dieser Lagebeziehungen:

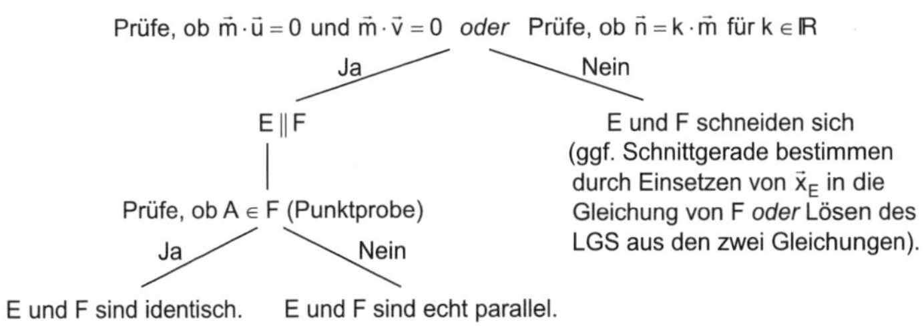

1. Untersuchen Sie die Lagebeziehung der beiden Ebenen
$$E: \vec{x} = \begin{pmatrix} 3 \\ -1 \\ 4 \end{pmatrix} + s \cdot \begin{pmatrix} -1 \\ 4 \\ -1 \end{pmatrix} + t \cdot \begin{pmatrix} 1 \\ -2 \\ -5 \end{pmatrix};\ s, t \in \mathbb{R} \text{ und } F: 4x_1 + 3x_2 - x_3 = -1$$
und bestimmen Sie gegebenenfalls die Schnittgerade g.

Schritt 1: Prüfen, ob die beiden Ebenen parallel sind, d. h., ob der Normalenvektor von F senkrecht auf den Spannvektoren von E steht, also ob $\vec{m} \cdot \vec{u} = 0$ und $\vec{m} \cdot \vec{v} = 0$

$$\vec{m} \cdot \vec{u} = \begin{pmatrix} 4 \\ 3 \\ -1 \end{pmatrix} \cdot \begin{pmatrix} -1 \\ 4 \\ -1 \end{pmatrix} = -4 + 12 + 1 = 9 \neq 0$$

$\Rightarrow$ $E \nparallel F$ (E und F sind nicht parallel.)

$\Rightarrow$ E und F schneiden sich in einer Geraden.

Schritt 2: Ermitteln der Gleichung der Schnittgeraden g

Einsetzen der einzelnen Koordinaten von E in die Gleichung von F:
$$4 \cdot (3 - s + t) + 3 \cdot (-1 + 4s - 2t) - (4 - s - 5t) = -1$$
$$12 - 4s + 4t - 3 + 12s - 6t - 4 + s + 5t = -1$$
$$9s + 3t = -6$$
$$t = -2 - 3s$$

Einsetzen von $t = -2 - 3s$ in die Gleichung von E ergibt:
$$g: \vec{x} = \begin{pmatrix} 3 \\ -1 \\ 4 \end{pmatrix} + s \cdot \begin{pmatrix} -1 \\ 4 \\ -1 \end{pmatrix} + (-2 - 3s) \cdot \begin{pmatrix} 1 \\ -2 \\ -5 \end{pmatrix} = \begin{pmatrix} 1 \\ 3 \\ 14 \end{pmatrix} + s \cdot \begin{pmatrix} -4 \\ 10 \\ 14 \end{pmatrix};\ s \in \mathbb{R}$$

2. Bestimmen Sie eine Gleichung der Schnittgeraden g der Ebenen $E: x_1 + 2x_3 = 2$ und $F: 4x_1 + 3x_2 - x_3 = -1$.

Die Schnittgerade ergibt sich als Lösung des linearen Gleichungssystems aus den beiden Koordinatengleichungen der Ebenen:
$$\begin{aligned} x_1 + 2x_3 &= 2 \\ 4x_1 + 3x_2 - x_3 &= -1 \end{aligned}$$

Man wählt z. B. $x_3 = t$ und erhält damit als Lösung:
$$x_3 = t;\ x_1 = 2 - 2t;\ x_2 = -3 + 3t \quad \text{bzw.} \quad \vec{x} = \begin{pmatrix} 2 - 2t \\ -3 + 3t \\ t \end{pmatrix}$$

Die Gleichung der Schnittgeraden lautet also:
$$g: \vec{x} = \begin{pmatrix} 2 \\ -3 \\ 0 \end{pmatrix} + t \cdot \begin{pmatrix} -2 \\ 3 \\ 1 \end{pmatrix};\ t \in \mathbb{R}$$

4.4 Schnittwinkel

Ist der Schnittwinkel α zweier geometrischer Objekte gesucht, so ist der spitze Winkel, den diese beiden Objekte einschließen, zu berechnen.

Schnittwinkel zwischen zwei Geraden

Der Schnittwinkel α zweier Geraden entspricht dem spitzen Winkel zwischen ihren Richtungsvektoren $\vec{u}$ und $\vec{v}$:

$$\cos\alpha = \frac{|\vec{u}\cdot\vec{v}|}{|\vec{u}|\cdot|\vec{v}|} \qquad (0° \le \alpha \le 90°)$$

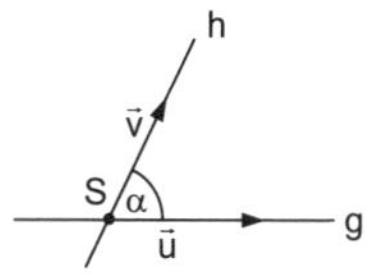

Schnittwinkel zwischen Gerade und Ebene

Der Schnittwinkel α zwischen einer Geraden und einer Ebene entspricht dem Komplementärwinkel des spitzen Winkels zwischen Normalenvektor $\vec{n}$ und Richtungsvektor $\vec{u}$:

$$\sin\alpha = \frac{|\vec{n}\cdot\vec{u}|}{|\vec{n}|\cdot|\vec{u}|} \qquad (0° \le \alpha \le 90°)$$

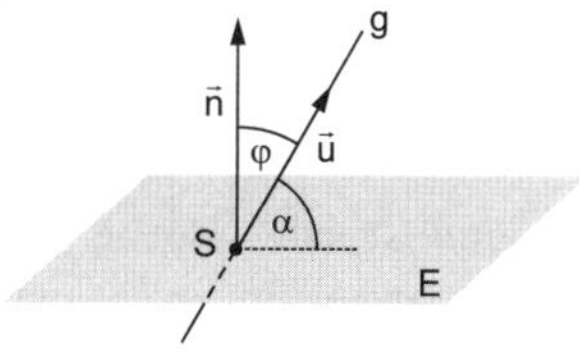

Schnittwinkel zwischen zwei Ebenen

Der Schnittwinkel α zweier Ebenen entspricht dem spitzen Winkel zwischen ihren Normalenvektoren $\vec{n}$ und $\vec{m}$:

$$\cos\alpha = \frac{|\vec{n}\cdot\vec{m}|}{|\vec{n}|\cdot|\vec{m}|} \qquad (0° \le \alpha \le 90°)$$

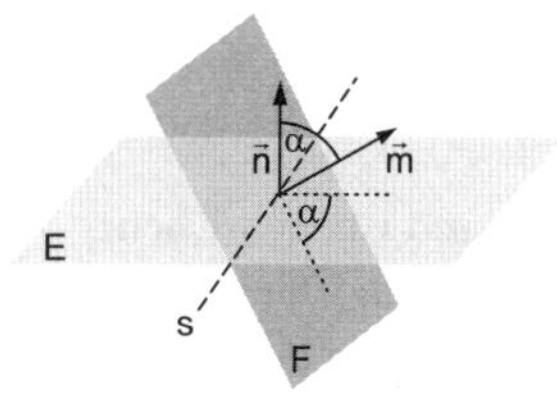

Bestimmen Sie den Schnittwinkel α der Ebene E: $x_1 - 2x_2 = 2$ mit der Geraden g: $\vec{x} = \begin{pmatrix} 2 \\ -4 \\ 2 \end{pmatrix} + r \cdot \begin{pmatrix} 0 \\ 2 \\ 1 \end{pmatrix}$; $r \in \mathbb{R}$.

$$\sin\alpha = \frac{\left|\begin{pmatrix} 1 \\ -2 \\ 0 \end{pmatrix} \cdot \begin{pmatrix} 0 \\ 2 \\ 1 \end{pmatrix}\right|}{\left|\begin{pmatrix} 1 \\ -2 \\ 0 \end{pmatrix}\right| \cdot \left|\begin{pmatrix} 0 \\ 2 \\ 1 \end{pmatrix}\right|} = \frac{|0 - 4 + 0|}{\sqrt{1^2 + (-2)^2 + 0^2} \cdot \sqrt{0^2 + 2^2 + 1^2}} = \frac{4}{5}$$

$\Rightarrow \quad \alpha \approx 53{,}13°$

5 Abstände zwischen geometrischen Objekten

5.1 Abstand zu einer Ebene

Abstand Punkt – Ebene

Der Abstand des Punktes $P(p_1|p_2|p_3)$ zur Ebene $E: n_1x_1 + n_2x_2 + n_3x_3 = a$ kann mithilfe der HNF von E ermittelt werden (vgl. Abschnitt 3.5):

$$d(P; E) = \frac{|n_1p_1 + n_2p_2 + n_3p_3 - a|}{|\vec{n}|}$$

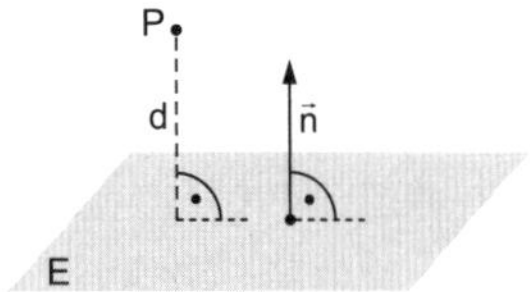

Die Berechnung des Abstands einer Geraden zu einer parallel verlaufenden Ebene bzw. zweier paralleler Ebenen lässt sich jeweils zurückführen auf die Berechnung des Abstands eines Punktes zu einer Ebene.

Abstand Gerade – Ebene

Der Abstand einer zur Ebene E parallel verlaufenden Geraden g zur Ebene E entspricht dem Abstand eines beliebigen Punktes P der Geraden zur Ebene:
$d(g; E) = d(P; E)$ mit $P \in g$ beliebig

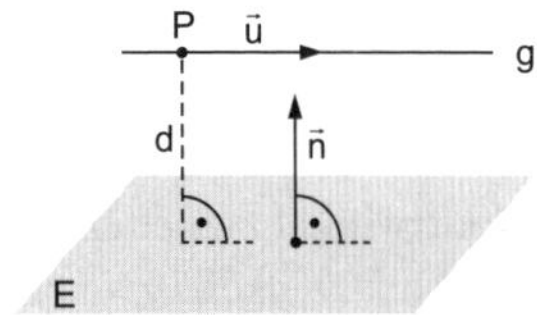

Abstand Ebene – Ebene

Der Abstand einer zur Ebene E parallel verlaufenden Ebene F zur Ebene E entspricht dem Abstand eines beliebigen Punktes P der Ebene F zur Ebene E:
$d(F; E) = d(P; E)$ mit $P \in F$ beliebig

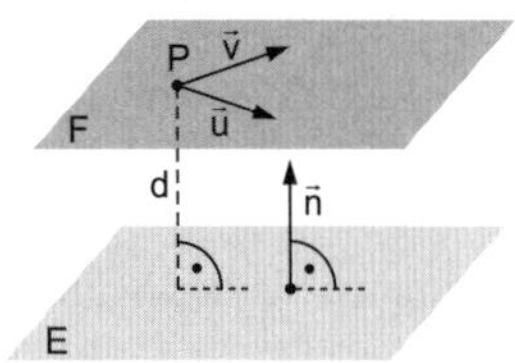

Berechnen Sie den Abstand der beiden parallelen Ebenen

$E_1: -2x_1 + 2x_2 + x_3 = -9$ und $E_2: \vec{x} = \begin{pmatrix} 1 \\ 2 \\ 4 \end{pmatrix} + s \cdot \begin{pmatrix} 1 \\ 0 \\ 2 \end{pmatrix} + t \cdot \begin{pmatrix} 2 \\ 3 \\ -2 \end{pmatrix}$; $s, t \in \mathbb{R}$.

Der Abstand der parallelen Ebenen entspricht dem Abstand des Stützpunktes $P(1|2|4)$ der Ebene E_2 zur Ebene E_1:

$$d(E_2; E_1) = d(P; E_1) = \frac{|-2 \cdot 1 + 2 \cdot 2 + 1 \cdot 4 + 9|}{\sqrt{(-2)^2 + 2^2 + 1^2}} = \frac{|15|}{\sqrt{9}} = \frac{15}{3} = 5$$

5.2 Abstand eines Punktes zu einer Geraden

Der Abstand eines Punktes P zu einer Geraden g entspricht der Länge des Lotes, das von P auf die Gerade gefällt wird. Zur Bestimmung dieses Abstands ermittelt man den Lotfußpunkt.

Vorgehensweise 1

Schritt 1: Gleichung einer Hilfsebene H aufstellen, die den Punkt P enthält und senkrecht auf der Geraden g steht

H: $\vec{u} \cdot (\vec{x} - \overrightarrow{OP}) = 0$

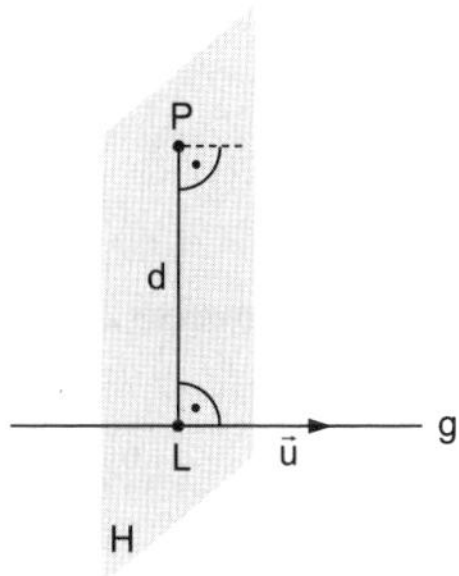

Schritt 2: Lotfußpunkt L als Schnittpunkt von g und H berechnen

Schritt 3: Abstand von P zu g als Abstand von P zu L berechnen (Länge des Lotes)

$d(P; g) = d(P; L) = |\overrightarrow{PL}|$

Vorgehensweise 2

Schritt 1: Verbindungsvektor $\overrightarrow{PL}$ aufstellen, wobei L zunächst ein allgemeiner Geradenpunkt von g ist (in Abhängigkeit von r)

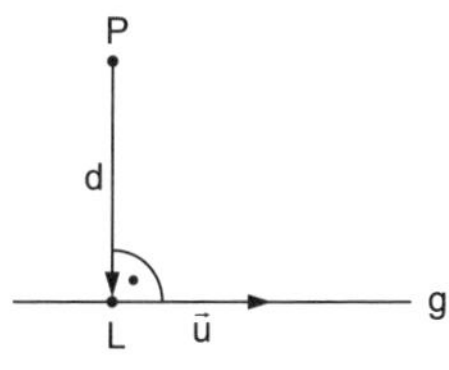

Schritt 2: Parameter r aus der Bedingung $\overrightarrow{PL} \cdot \vec{u} = 0$ bestimmen und Koordinaten des Lotfußpunktes L durch Einsetzen von r in die Gleichung von g berechnen

Schritt 3: Abstand von P zu g als Abstand von P zu L berechnen

$d(P; g) = d(P; L) = |\overrightarrow{PL}|$ (Länge des Lotes)

Bestimmen Sie den Abstand des Punktes $P(-6\,|\,2\,|\,5)$ zur Geraden

$g\colon \vec{x} = \begin{pmatrix} 0 \\ 2 \\ 2 \end{pmatrix} + r \cdot \begin{pmatrix} 2 \\ -2 \\ 1 \end{pmatrix};\ r \in \mathbb{R}.$

Vorgehensweise 1

Schritt 1:

$$H\colon \begin{pmatrix} 2 \\ -2 \\ 1 \end{pmatrix} \cdot \left(\vec{x} - \begin{pmatrix} -6 \\ 2 \\ 5 \end{pmatrix} \right) = 0 \quad \text{bzw.} \quad H\colon 2x_1 - 2x_2 + x_3 = -11$$

Schritt 2: Einsetzen der einzelnen Koordinaten von g in H:

$$2\cdot(0+2r)-2\cdot(2-2r)+(2+r)=-11$$
$$4r-4+4r+2+r=-11$$
$$9r=-9$$
$$r=-1$$

$$\Rightarrow \quad \overrightarrow{OL}=\begin{pmatrix}0\\2\\2\end{pmatrix}+(-1)\cdot\begin{pmatrix}2\\-2\\1\end{pmatrix}=\begin{pmatrix}-2\\4\\1\end{pmatrix} \quad \Rightarrow \quad L(-2\,|\,4\,|\,1)$$

Schritt 3:

$$d(P;g)=|\overrightarrow{PL}|=\left|\begin{pmatrix}-2\\4\\1\end{pmatrix}-\begin{pmatrix}-6\\2\\5\end{pmatrix}\right|=\left|\begin{pmatrix}4\\2\\-4\end{pmatrix}\right|=\sqrt{4^2+2^2+(-4)^2}=\sqrt{36}=6$$

Vorgehensweise 2

Schritt 1:

$$\overrightarrow{PL}=\begin{pmatrix}0+2r\\2-2r\\2+\ r\end{pmatrix}-\begin{pmatrix}-6\\2\\5\end{pmatrix}=\begin{pmatrix}6+2r\\-2r\\-3+r\end{pmatrix}$$

Schritt 2:

$$\overrightarrow{PL}\cdot\vec{u}=0$$
$$\Leftrightarrow \quad \begin{pmatrix}6+2r\\-2r\\-3+r\end{pmatrix}\cdot\begin{pmatrix}2\\-2\\1\end{pmatrix}=0$$
$$\Leftrightarrow \quad 12+4r+4r-3+r=0$$
$$\Leftrightarrow \quad 9r=-9$$
$$\Leftrightarrow \quad r=-1$$

Die weitere Rechnung erfolgt analog zu Vorgehensweise 1.

Abstand paralleler Geraden

Die Berechnung des Abstands zweier paralleler Geraden lässt sich zurückführen auf die Berechnung des Abstands eines Punktes zu einer Geraden.

Der Abstand zweier parallel verlaufender Geraden g und h entspricht dem Abstand eines beliebigen Punktes P der Geraden h zur Geraden g:

$d(h;g)=d(P;g)$ mit $P\in h$ beliebig

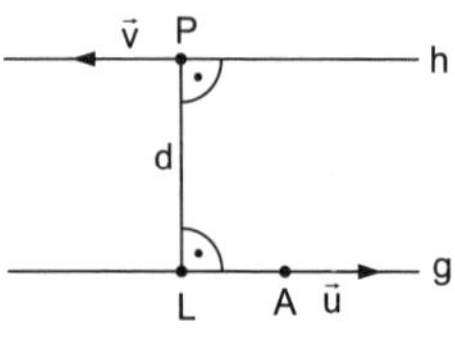

5.3 Abstand zweier windschiefer Geraden

Die Berechnung des Abstands zweier windschiefer Geraden g und h lässt sich zurückführen auf die Berechnung des Abstands eines beliebigen Punktes der einen Geraden zu einer Hilfsebene.

Vorgehensweise

Schritt 1: Gleichung einer Hilfsebene H, die die Gerade h enthält und parallel zur Geraden g liegt, aufstellen

H: $\vec{n} \cdot (\vec{x} - \overrightarrow{OB}) = 0$ wobei

$\vec{n} \cdot \vec{u} = 0$ und $\vec{n} \cdot \vec{v} = 0$ (oder $\vec{n} = \vec{u} \times \vec{v}$)

(mit $\vec{u}$ und $\vec{v}$ als Richtungsvektoren von g und h und B als Stützpunkt von h)

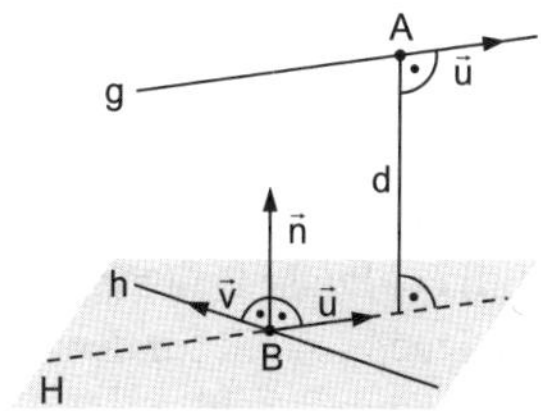

Schritt 2: Abstand von g zu h als Abstand eines Punktes der Geraden g zur Ebene H berechnen (vgl. Abschnitt 5.1)

$d(g; h) = d(A; H)$ mit $A \in g$ beliebig

Bestimmen Sie den Abstand der beiden windschiefen Geraden

$$g: \vec{x} = \begin{pmatrix} 4 \\ 1 \\ 3 \end{pmatrix} + r \cdot \begin{pmatrix} -2 \\ 2 \\ -1 \end{pmatrix}; \ r \in \mathbb{R} \quad \text{und} \quad h: \vec{x} = \begin{pmatrix} 5 \\ -1 \\ 0 \end{pmatrix} + s \cdot \begin{pmatrix} 2 \\ -3 \\ 2 \end{pmatrix}; \ s \in \mathbb{R}.$$

Schritt 1:

$$\begin{pmatrix} n_1 \\ n_2 \\ n_3 \end{pmatrix} \cdot \begin{pmatrix} -2 \\ 2 \\ -1 \end{pmatrix} = 0 \ \text{und} \ \begin{pmatrix} n_1 \\ n_2 \\ n_3 \end{pmatrix} \cdot \begin{pmatrix} 2 \\ -3 \\ 2 \end{pmatrix} = 0 \ \Rightarrow \ \text{z. B. } n_3 = 2; \ n_2 = 2; \ n_1 = 1$$

$$\text{oder: } \vec{n} = \begin{pmatrix} -2 \\ 2 \\ -1 \end{pmatrix} \times \begin{pmatrix} 2 \\ -3 \\ 2 \end{pmatrix} = \begin{pmatrix} 4-3 \\ -2-(-4) \\ 6-4 \end{pmatrix} = \begin{pmatrix} 1 \\ 2 \\ 2 \end{pmatrix}$$

$$H: \begin{pmatrix} 1 \\ 2 \\ 2 \end{pmatrix} \cdot \left[\vec{x} - \begin{pmatrix} 5 \\ -1 \\ 0 \end{pmatrix} \right] = 0 \quad \text{bzw.} \quad H: x_1 + 2x_2 + 2x_3 = 3$$

Schritt 2:

Mit dem Stützpunkt A(4 | 1 | 3) von g gilt:

$$d(g; h) = d(A; H) = \frac{|1 \cdot 4 + 2 \cdot 1 + 2 \cdot 3 - 3|}{\sqrt{1^2 + 2^2 + 2^2}} = \frac{|9|}{\sqrt{9}} = \frac{9}{3} = 3$$

6 Spiegelungen

Spiegelungen waren in den letzten Jahren immer wieder ein Thema in der Abiturprüfung (insbesondere bei der Beschreibung von Verfahren), auch wenn sie nicht explizit im Bildungsplan genannt werden.

Mithilfe der Vektorrechnung lassen sich Bildpunkte oder Bildgeraden bei Spiegelungen an Punkten oder anderen geometrischen Objekten leicht ermitteln.

Spiegelung Punkt an Punkt
Wird ein Punkt P an einem Punkt S gespiegelt, so gilt für den Ortsvektor des Bildpunktes P':
$\overrightarrow{OP'} = \overrightarrow{OP} + 2 \cdot \overrightarrow{PS}$

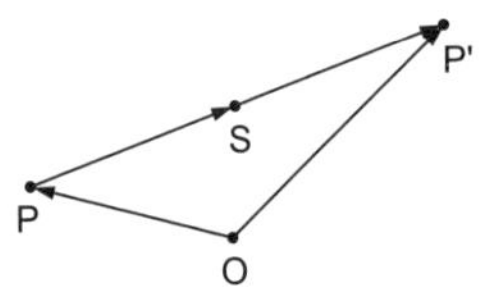

Wird eine Gerade g am Punkt S gespiegelt, ergibt sich die parallele Bildgerade g' durch Spiegelung eines Punktes P der Geraden g an S sowie Beibehaltung des Richtungsvektors von g:
$g\colon \vec{x} = \overrightarrow{OP} + r \cdot \vec{u};\ r \in \mathbb{R} \quad \Rightarrow \quad g'\colon \vec{x} = \overrightarrow{OP'} + r \cdot \vec{u};\ r \in \mathbb{R}$

Spiegelung Punkt an Ebene
Die Spiegelung eines Punktes P an einer Ebene E entspricht der Spiegelung von P am Lotfußpunkt L des Lotes von P auf E:
$\overrightarrow{OP'} = \overrightarrow{OP} + 2 \cdot \overrightarrow{PL}$
(mit L als Schnittpunkt der Lotgeraden g durch P mit der Ebene E)

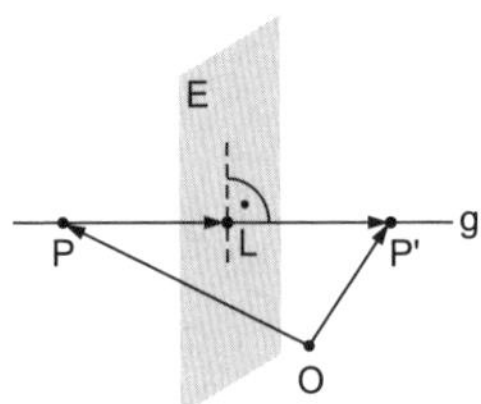

Spiegelung Punkt an Gerade
Um einen Punkt P an einer Geraden g zu spiegeln, legt man eine zu g orthogonale Hilfsebene H durch P und spiegelt den Punkt P am Schnittpunkt S von g und H.

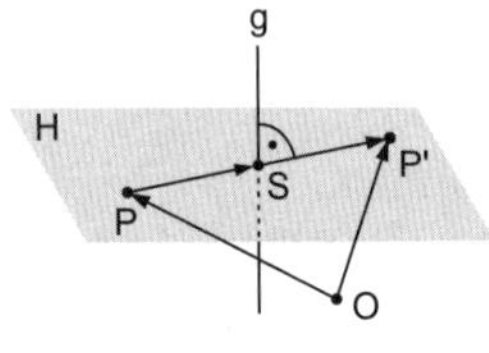

Stochastik

1 Ereignisse

Ergebnisraum und Ereignisse
Der Ergebnisraum Ω umfasst alle möglichen Ausgänge (Ergebnisse) eines Zufallsexperiments. Die Anzahl der Elemente von Ω wird als Mächtigkeit $|\Omega|$ bezeichnet.
Jede Teilmenge des Ergebnisraums beschreibt ein Ereignis. Ω selbst heißt sicheres Ereignis (tritt auf jeden Fall ein), die leere Menge $\{\}$ unmögliches Ereignis (tritt nie ein). Ein einzelnes Ergebnis wird auch als Elementarereignis bezeichnet.

Durch Verknüpfung einzelner Ereignisse – z. B. durch Bildung der Schnitt- oder Vereinigungsmenge – entstehen neue Ereignisse als Teilmengen des Ergebnisraums.

Ausgehend von zwei Ereignissen A und B als Teilmengen eines Ergebnisraums Ω ergeben sich u. a. folgende weitere Ereignisse:

Gegenereignis $\overline{A}$
Das **Gegenereignis** $\overline{A}$ tritt genau dann ein, wenn das Ereignis A nicht eintritt.

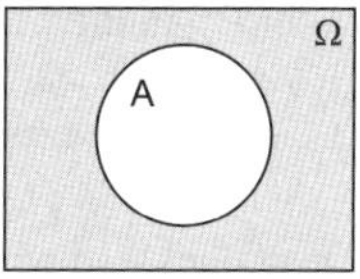

Schnittmenge $A \cap B$
Das Ereignis „A und B“ tritt genau dann ein, wenn sowohl das Ereignis A als auch das Ereignis B eintritt.

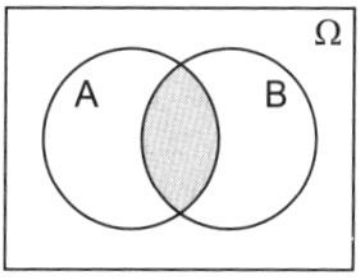

Bemerkung: Die beiden Ereignisse A und B heißen unvereinbar, wenn $A \cap B = \{\}$ gilt.

Vereinigungsmenge $A \cup B$
Das Ereignis „A oder B“ tritt genau dann ein, wenn mindestens eines der beiden Ereignisse A oder B eintritt.

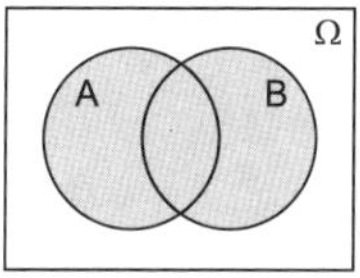

2 Wahrscheinlichkeitsberechnungen

2.1 Der Wahrscheinlichkeitsbegriff

Den einzelnen Elementen eines Ergebnisraums lassen sich Wahrscheinlichkeiten zuordnen. Die Wahrscheinlichkeit eines Ereignisses A wird mit P(A) bezeichnet.

Eigenschaften der Wahrscheinlichkeit

- $0 \leq P(A) \leq 1$ für jedes Ereignis $A \subseteq \Omega$
- $P(\Omega) = 1$ und $P(\{\,\}) = 0$
- $P(\overline{A}) = 1 - P(A)$
- $P(A \cup B) = P(A) + P(B) - P(A \cap B)$ (**Additionssatz**)

2.2 Laplace-Experimente, Laplace-Wahrscheinlichkeit

Ein Zufallsexperiment, bei dem alle Ergebnisse (Elementarereignisse) aus Ω gleich wahrscheinlich sind, heißt Laplace-Experiment.
Die Wahrscheinlichkeit eines Ereignisses A erhält man in diesem Fall, indem man die Mächtigkeit von A durch die Mächtigkeit von Ω teilt:

$$P(A) = \frac{|A|}{|\Omega|} = \frac{\text{Anzahl der günstigen Fälle}}{\text{Anzahl der möglichen Fälle}}$$

Das Glücksrad wird einmal gedreht. Geben Sie den Ergebnisraum Ω an und begründen Sie, dass es sich um ein Laplace-Experiment handelt. Berechnen Sie dann die Wahrscheinlichkeit, dass der Pfeil auf einer geraden Zahl stehen bleibt.

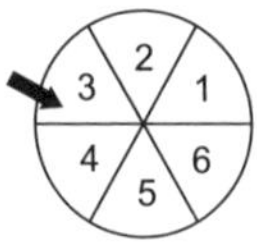

$\Omega = \{1; 2; 3; 4; 5; 6\}$ $\quad |\Omega| = 6$

Laplace-Experiment, da die einzelnen Sektoren des Rades gleich groß sind und damit gilt:

$P(\{1\}) = P(\{2\}) = \ldots = P(\{6\}) = \frac{1}{6}$

A: Der Pfeil zeigt auf eine gerade Zahl.

$A = \{2; 4; 6\}$ $\quad |A| = 3$

$P(A) = \frac{|A|}{|\Omega|} = \frac{3}{6} = \frac{1}{2}$

2.3 Baumdiagramme und Pfadregeln

Ein Baumdiagramm eignet sich zur Bestimmung von Wahrscheinlichkeiten mehrstufiger bzw. zusammengesetzter Zufallsexperimente.

Verzweigungsregel
Bei einem vollständigen Baumdiagramm beträgt die Summe der Wahrscheinlichkeiten aller Äste, die von einem Verzweigungspunkt ausgehen, stets 1.

1. Pfadregel (Produktregel)
Die Wahrscheinlichkeit eines einzelnen Ergebnisses ist das Produkt der Wahrscheinlichkeiten entlang des Pfades, der zu diesem Ergebnis führt.

2. Pfadregel (Summenregel)
Die Wahrscheinlichkeit eines Ereignisses ist die Summe der Wahrscheinlichkeiten der Pfade, die zu diesem Ereignis gehören.

In einer Urne befinden sich drei rote und fünf blaue Kugeln. Es werden nacheinander zwei Kugeln mit bzw. ohne Zurücklegen gezogen. Zeichnen Sie jeweils ein vollständiges Baumdiagramm und berechnen Sie die Wahrscheinlichkeit, dass genau eine der beiden Kugeln rot ist.

Ziehen mit Zurücklegen

In der Urne befinden sich insgesamt 8 Kugeln. Da die Kugeln zurückgelegt werden, bleiben die einzelnen Wahrscheinlichkeiten bei jedem Zug gleich.

A: Genau eine der beiden Kugeln ist rot.

$P(A) = P(rb) + P(br) = \frac{3}{8} \cdot \frac{5}{8} + \frac{5}{8} \cdot \frac{3}{8} = \frac{30}{64} = \frac{15}{32}$

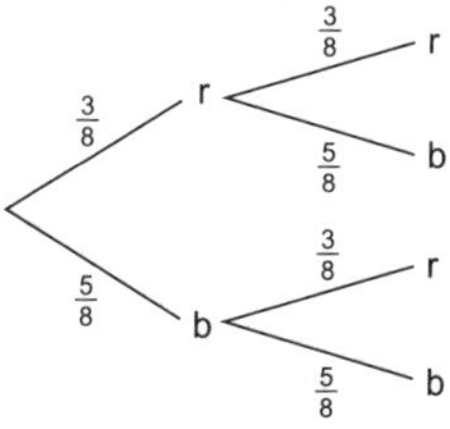

Ziehen ohne Zurücklegen

Da die Kugeln nicht zurückgelegt werden, sind beim zweiten Zug nur noch 7 Kugeln in der Urne und die Wahrscheinlichkeiten ändern sich.

A: Genau eine der beiden Kugeln ist rot.

$P(A) = P(rb) + P(br) = \frac{3}{8} \cdot \frac{5}{7} + \frac{5}{8} \cdot \frac{3}{7} = \frac{30}{56} = \frac{15}{28}$

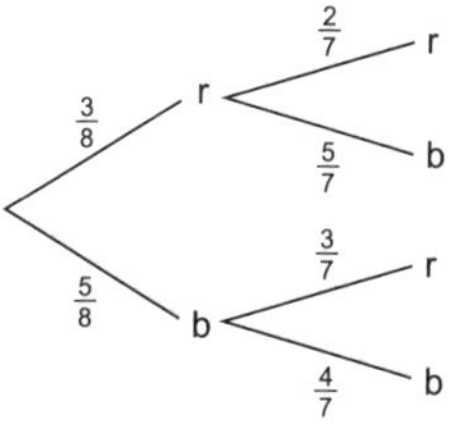

2.4 Urnenmodelle und Bernoulli-Formel

Mehrstufige Zufallsexperimente lassen sich gut mithilfe von Urnenmodellen veranschaulichen (vgl. Beispiel auf S. 61). Dabei werden unterscheidbare Kugeln aus einer Urne gezogen. Je nach Modell wird mit oder ohne Zurücklegen gezogen. Außerdem ist zu beachten, ob die Reihenfolge der gezogenen Kugeln eine Rolle spielt oder es nur um die Anzahl geht. Wahrscheinlichkeiten lassen sich dann über geeignete Baumdiagramme (bzw. Ausschnitte davon) und Anwendung der Pfadregeln berechnen (vgl. Abschnitt 2.3).

Beim Ziehen ohne Zurücklegen ändern sich bei jedem Zug die Wahrscheinlichkeiten. Spielt dabei die Reihenfolge der gezogenen Kugeln keine Rolle, entspricht dies dem Ziehen mit einem Griff.

Beim Ziehen mit Zurücklegen bleiben die Wahrscheinlichkeiten bei jedem Zug gleich. Deshalb lassen sich hier Wahrscheinlichkeiten, bei denen es nur um die Anzahl bestimmter Kugeln geht, vereinfacht mithilfe folgender Formel berechnen (dies ist insbesondere bei einer großen Anzahl von Ziehungen bzw. Stufen hilfreich):

Zieht man aus einer Urne mit einem bestimmten Anteil p schwarzer Kugeln n Kugeln mit Zurücklegen, so gilt für die Wahrscheinlichkeit, genau k schwarze Kugeln zu ziehen:

$$P(\text{„genau k schwarze Kugeln“}) = \binom{n}{k} \cdot p^k \cdot (1-p)^{n-k}$$

Diese Formel heißt auch **Bernoulli-Formel** (vgl. Abschnitt 3.3).

Dabei steht $\binom{n}{k}$ für die Anzahl der Möglichkeiten, k Kugeln aus einer Urne mit n Kugeln zu ziehen. Es gilt:

$$\binom{n}{k} = \frac{n!}{k! \cdot (n-k)!}$$

Dieser Ausdruck heißt **Binomialkoeffizient**.

Ein Tetraeder (vierseitiger Würfel mit den Augenzahlen 1, 2, 3 und 4) wird fünfmal geworfen. Notiert wird die Augenzahl der Fläche, auf die das Tetraeder fällt.

Für jeden der $n = 5$ Würfe gilt:

$P(\{1\}) = P(\{2\}) = P(\{3\}) = P(\{4\}) = \frac{1}{4}$ und $P(\{\text{ungerade Zahl}\}) = \frac{1}{2}$

A: Genau bei 3 Würfen fällt die Augenzahl 2.

$P(A) = P(\text{„genau 3 Zweier“}) = \binom{5}{3} \cdot \left(\frac{1}{4}\right)^3 \cdot \left(\frac{3}{4}\right)^{5-3} \approx 8{,}79\,\%$

B: Es wird immer eine ungerade Augenzahl geworfen.

$P(B) = P(\text{„genau 5 ungerade Zahlen“})$

$= \binom{5}{5} \cdot \left(\frac{1}{2}\right)^5 \cdot \left(\frac{1}{2}\right)^{5-5} = 1 \cdot \left(\frac{1}{2}\right)^5 \cdot 1 = 3{,}125\,\%$

2.5 Stochastische Unabhängigkeit

Zwei Ereignisse A und B heißen stochastisch unabhängig, wenn das Eintreten von A keinen Einfluss auf die Wahrscheinlichkeit von B hat und umgekehrt. Dies ist genau dann der Fall, wenn gilt:
$P(A \cap B) = P(A) \cdot P(B)$
Andernfalls heißen A und B stochastisch abhängig.

Bemerkung: Die stochastische Unabhängigkeit zweier Ereignisse ist nicht zu verwechseln mit der Unvereinbarkeit zweier Ereignisse A und B. Für letztere gilt: $P(A \cap B) = P(\{\,\}) = 0$ (vgl. S. 59)

Bei der Produktion eines Spielzeugs für Kinder können zwei Fehler auftreten. 10 % der produzierten Spielzeuge haben einen Funktionsfehler (F_1), 20 % haben einen Farbfehler (F_2). 25 % aller Spielzeuge haben mindestens einen Fehler. Überprüfen Sie die Ereignisse F_1 und F_2 auf stochastische Unabhängigkeit.

Gegeben: $P(F_1) = 0{,}1 \quad P(F_2) = 0{,}2 \quad P(F_1 \cup F_2) = 0{,}25$

Nach dem Additionssatz gilt:

$P(F_1 \cup F_2) = P(F_1) + P(F_2) - P(F_1 \cap F_2)$

$\Rightarrow \quad P(F_1 \cap F_2) = P(F_1) + P(F_2) - P(F_1 \cup F_2) = 0{,}1 + 0{,}2 - 0{,}25 = 0{,}05$

Andererseits gilt:

$P(F_1) \cdot P(F_2) = 0{,}1 \cdot 0{,}2 = 0{,}02$

Also: $P(F_1 \cap F_2) = 0{,}05 \neq 0{,}02 = P(F_1) \cdot P(F_2)$

$\Rightarrow$ Die Ereignisse F_1 und F_2 sind stochastisch abhängig.

3 Zufallsvariablen

3.1 Zufallsvariablen und ihre Wahrscheinlichkeitsverteilung

Eine **Zufallsvariable** ordnet jedem Ergebnis eines Zufallsexperiments eine reelle Zahl zu. Die **Wahrscheinlichkeitsverteilung** einer Zufallsvariablen X gibt an, mit welchen Wahrscheinlichkeiten $p_1, p_2, \ldots, p_n$ die Zufallsvariable die möglichen Werte $x_1, x_2, \ldots, x_n$ annimmt; in Tabellenform:

x_i	x_1	x_2	…	x_n
$P(X=x_i)$	p_1	p_2	…	p_n

Dabei muss die Summe der Wahrscheinlichkeiten stets 1 ergeben:
$p_1+p_2+\ldots+p_n=1$ (Normierungsbedingung)
Die Veranschaulichung der Wahrscheinlichkeitsverteilung kann durch ein Stabdiagramm oder ein Histogramm erfolgen.

Vorgehensweise
Schritt 1: Werte, die die Zufallsvariable X annehmen kann, auflisten

Schritt 2: Zugehörige Wahrscheinlichkeiten berechnen

Schritt 3: Tabelle und ggf. Stabdiagramm bzw. Histogramm erstellen

Bei einem gezinkten Würfel wird die Augenzahl 6 mit einer Wahrscheinlichkeit von 0,3 geworfen. Ermitteln Sie die Wahrscheinlichkeitsverteilung der Zufallsvariablen X, die die Anzahl der Sechser beim zweimaligen Werfen dieses Würfels angibt.

Schritt 1:
Die Zufallsvariable X kann folgende Werte annehmen:
$x_1=0;\quad x_2=1;\quad x_3=2$

Schritt 2:
Die Wahrscheinlichkeiten für die einzelnen Werte von X können mithilfe der Bernoulli-Formel (vgl. S. 62) ermittelt werden:

$$P(X=x_1)=P(X=0)=P(\text{„keine 6“})=\binom{2}{0}\cdot 0{,}3^0\cdot 0{,}7^2=0{,}7^2=0{,}49$$

$$P(X=1)=\binom{2}{1}\cdot 0{,}3^1\cdot 0{,}7^1=0{,}42 \qquad P(X=2)=\binom{2}{2}\cdot 0{,}3^2\cdot 0{,}7^0=0{,}09$$

Schritt 3:

Wahrscheinlichkeitsverteilung von X:

x_i	0	1	2
$P(X=x_i)$	0,49	0,42	0,09

Histogramm:

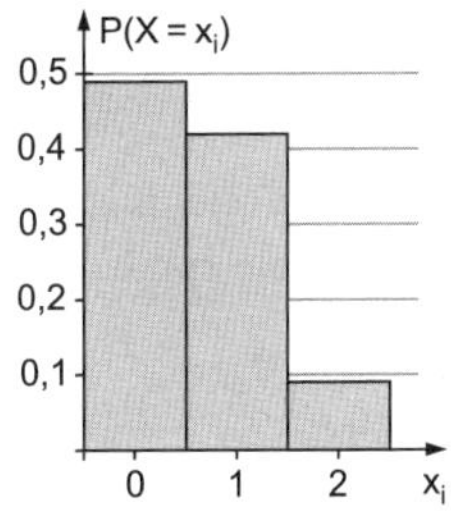

3.2 Erwartungswert einer Zufallsvariablen

Der Erwartungswert einer Zufallsvariablen X gibt an, welcher Mittelwert bei oftmaliger Wiederholung des Zufallsexperiments für die Zufallsvariable zu erwarten ist.

$$\mu = E(X) = \sum_{i=1}^{n} x_i \cdot p_i = x_1 \cdot p_1 + \ldots + x_n \cdot p_n$$

Bemerkungen:

- Der Erwartungswert μ einer Zufallsvariablen X ist häufig kein Wert, den die Zufallsvariable tatsächlich annimmt.
- Ein Spiel ist fair, wenn der Erwartungswert des Gewinns für jeden Spieler gleich null ist.

Ein Englischlehrer stellt für die Notenverteilung der nächsten Schulaufgabe zwei mögliche Szenarien gegenüber.

Szenario A

Note x	1	2	3	4	5	6
$P(X=x)$	0,1	0,15	0,5	0,2	0	0,05

Szenario B

Note y	1	2	3	4	5	6
$P(Y=y)$	0,2	0,25	0,25	0,05	0,15	0,1

Erwartungswert (Notendurchschnitt) bei beiden Szenarien:

$E(X) = 1 \cdot 0{,}1 + 2 \cdot 0{,}15 + 3 \cdot 0{,}5 + 4 \cdot 0{,}2 + 5 \cdot 0 + 6 \cdot 0{,}05 = 3$

$E(Y) = 1 \cdot 0{,}2 + 2 \cdot 0{,}25 + 3 \cdot 0{,}25 + 4 \cdot 0{,}05 + 5 \cdot 0{,}15 + 6 \cdot 0{,}1 = 3$

In beiden Fällen ergäbe sich derselbe Notendurchschnitt.

Dass die Verteilung der Noten dennoch sehr unterschiedlich ist, erkennt man erst bei Betrachtung der Histogramme.

Szenario A

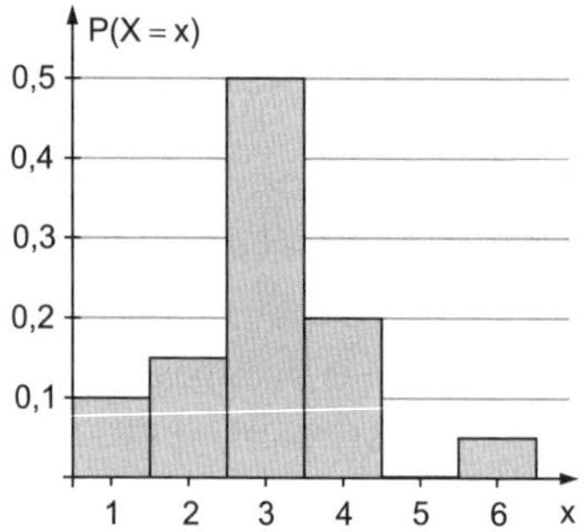

Szenario B

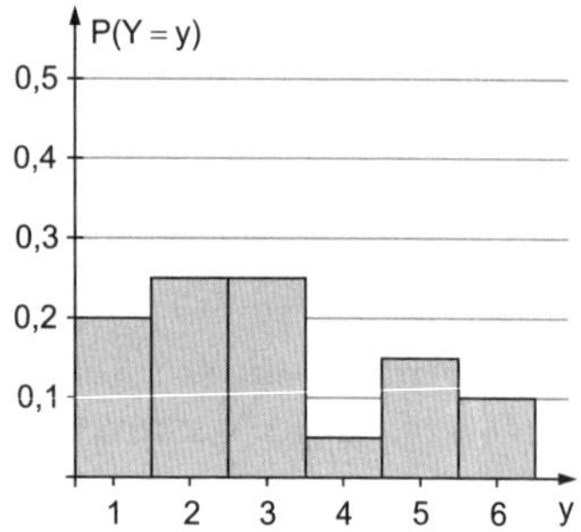

Szenario A: Sehr gute und sehr schlechte Noten treten selten auf.
$\Rightarrow$ Die Noten streuen nur wenig um den Erwartungswert.

Szenario B: Die Noten sind recht gleichmäßig verteilt.
$\Rightarrow$ Die Noten streuen stark um den Erwartungswert.

3.3 Binomialverteilte Zufallsvariablen

Bernoulli-Experiment
Ein Zufallsexperiment mit nur zwei möglichen Ergebnissen (Treffer und Niete) heißt Bernoulli-Experiment. Die Trefferwahrscheinlichkeit bezeichnet man mit p, die Wahrscheinlichkeit für eine Niete mit $q = 1 - p$. Die n-fache unabhängige Wiederholung eines Bernoulli-Experiments heißt Bernoulli-Kette der Länge n. Die Trefferwahrscheinlichkeit p bleibt dabei konstant.

Binomialverteilte Zufallsvariable

Für die Zufallsvariable X, die die Anzahl der Treffer bei einer Bernoulli-Kette der Länge n mit Trefferwahrscheinlichkeit p angibt, gilt:

$P_p^n(X = k) = B(n; p; k) = \binom{n}{k} \cdot p^k \cdot (1-p)^{n-k} \quad (0 \le k \le n)$

Diese Wahrscheinlichkeitsverteilung heißt Binomialverteilung und X binomialverteilt nach $B_{n;\,p}$. Die kumulative Verteilungsfunktion einer $B_{n;\,p}$-verteilten Zufallsvariablen X ist gegeben durch:

$F_p^n(k) = P_p^n(X \le k) = \sum_{i=0}^{k} B(n; p; i)$

Für den Erwartungswert einer $B_{n;\,p}$-verteilten Zufallsvariablen X gilt:

$\mu = E(X) = n \cdot p$

Bemerkung: Die Binomialverteilung lässt sich durch das Urnenmodell „Ziehen mit Zurücklegen" veranschaulichen (vgl. S. 62).

Beispielhaftes Histogramm für $n = 10$ und $p = 0{,}3$ (mit $E(X) = 3$):

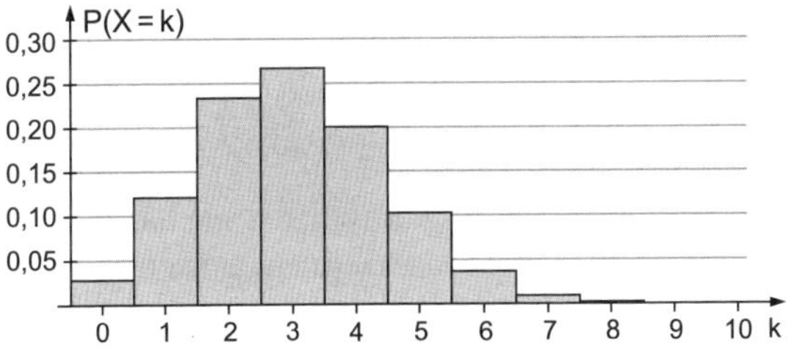

Die Werte für Binomialverteilungen und ihre kumulativen Verteilungen können Tabellen entnommen oder mithilfe des GTR bestimmt werden.

Übersicht über typische Fragestellungen und Rückführung auf die kumulative Verteilungsfunktion:

- genau k Treffer: $P(X = k) = B(n; p; k) = \binom{n}{k} \cdot p^k \cdot (1-p)^{n-k}$
- höchstens k Treffer: $P(X \le k)$
- weniger als k Treffer: $P(X < k) = P(X \le k-1)$
- mindestens k Treffer: $P(X \ge k) = 1 - P(X \le k-1)$
- mehr als k Treffer: $P(X > k) = P(X \ge k+1) = 1 - P(X \le k)$
- mindestens k, aber höchstens h Treffer: $P(k \le X \le h) = P(X \le h) - P(X \le k-1)$

Eine Sportartikelfirma stellt Fußbälle her. Aus langjähriger Erfahrung weiß man, dass 10 % aller produzierten Bälle fehlerhaft sind. In der Endkontrolle werden 10 Bälle zufällig ausgewählt und kontrolliert.

Mit welcher Wahrscheinlichkeit

(1) sind genau drei Bälle fehlerhaft?

(2) sind höchstens vier Bälle fehlerhaft?

(3) sind mehr als drei Bälle fehlerhaft?

(4) sind mindestens zwei, aber weniger als fünf Bälle fehlerhaft?

Die Zufallsvariable X gibt die Anzahl der fehlerhaften Bälle bei der Endkontrolle an. X ist binomialverteilt mit $p=0{,}1$ und $n=10$.

(1) $P_{0,1}^{10}(X=3)=B(10;0{,}1;3)=\binom{10}{3}\cdot 0{,}1^3\cdot 0{,}9^7\approx 0{,}0574=5{,}74\,\%$

(2) $P_{0,1}^{10}(X\leq 4)=0{,}99837\approx 99{,}84\,\%$

(3) $P_{0,1}^{10}(X>3)=1-P_{0,1}^{10}(X\leq 3)=1-0{,}98720=0{,}0128=1{,}28\,\%$

(4) $$\begin{aligned}P_{0,1}^{10}(2\leq X<5)=P_{0,1}^{10}(2\leq X\leq 4)&=P_{0,1}^{10}(X\leq 4)-P_{0,1}^{10}(X\leq 1)\\&=0{,}99837-0{,}73610\\&=0{,}26227\approx 26{,}23\,\%\end{aligned}$$

Wie viele Bälle müsste man mindestens kontrollieren, um mit einer Wahrscheinlichkeit von mindestens 95 % wenigstens einen fehlerhaften Ball zu finden?

Nun ist X binomialverteilt mit $p=0{,}1$ und unbekanntem n. Es soll gelten:

$$\begin{aligned}P_{0,1}^{n}(X\geq 1)&\geq 0{,}95\\1-P_{0,1}^{n}(X=0)&\geq 0{,}95\\P_{0,1}^{n}(X=0)&\leq 0{,}05\\\binom{n}{0}\cdot 0{,}1^0\cdot 0{,}9^n&\leq 0{,}05\\0{,}9^n&\leq 0{,}05\\\ln 0{,}9^n&\leq \ln 0{,}05\\n\cdot\ln 0{,}9&\leq \ln 0{,}05 \qquad |:\ln 0{,}9\ (<0\ !)\\n&\geq \frac{\ln 0{,}05}{\ln 0{,}9}\approx 28{,}43\end{aligned}$$

Man müsste also mindestens 29 Bälle kontrollieren.

4 Testen von Hypothesen

Einseitiger Hypothesentest
Bei einem Hypothesentest stellt man eine Vermutung (**Nullhypothese H_0**) über eine Wahrscheinlichkeit auf und testet diese anhand einer Stichprobe. Aufgrund des Ergebnisses des Tests wird entschieden, ob die Vermutung angenommen oder abgelehnt wird. Dabei können zwei Fehlentscheidungen getroffen werden:
Fehler 1. Art: H_0 wird irrtümlich abgelehnt.
Fehler 2. Art: H_0 wird irrtümlich angenommen bzw. nicht abgelehnt.
Es ist wünschenswert, dass die Wahrscheinlichkeit für einen Fehler 1. Art möglichst klein ist. Deshalb wird diese **Irrtumswahrscheinlichkeit** durch das **Signifikanzniveau α** beschränkt.
Man unterscheidet zwischen links- und rechtsseitigem Hypothesentest, je nachdem, ob die Vermutung H_0: $p \geq p_0$ oder H_0: $p \leq p_0$ lautet.

Vorgehensweise

Schritt 1: Zufallsvariable und Nullhypothese festlegen

Schritt 2: Übersichtstabelle aufstellen

Schritt 3: Je nach Aufgabentyp kritischen Wert berechnen und Entscheidungsregel angeben oder Irrtumswahrscheinlichkeit berechnen

Linksseitiger Hypothesentest

Aufgabentyp 1

Gegeben: H_0: $p \geq p_0$
n (Stichprobenlänge)
k (kritischer Wert bzw. Entscheidungsregel)
Gesucht: Irrtumswahrscheinlichkeit

	gegen H_0 0; …; k	für H_0 k + 1; …; n
H_0: $p \geq p_0$	?	

$P_{p_0}^n(X \leq k)$ berechnen

Aufgabentyp 2

Gegeben: H_0: $p \geq p_0$
n (Stichprobenlänge)
α (Signifikanzniveau)
Gesucht: kritischer Wert bzw. Entscheidungsregel

	gegen H_0 0; …; k	für H_0 k + 1; …; n
H_0: $p \geq p_0$	$\leq \alpha$	

k ermitteln als größte natürliche Zahl mit der Bedingung
$P_{p_0}^n(X \leq k) \leq \alpha$

Rechtsseitiger Hypothesentest

Aufgabentyp 1

Gegeben: H_0: $p \le p_0$
n (Stichprobenlänge)
k (kritischer Wert bzw. Entscheidungsregel)

Gesucht: Irrtumswahrscheinlichkeit

	für H_0 $0; \ldots; k-1$	gegen H_0 $k; \ldots; n$
H_0: $p \le p_0$		(?)

$P_{p_0}^n(X \ge k) = 1 - P_{p_0}^n(X \le k-1)$ berechnen

Aufgabentyp 2

Gegeben: H_0: $p \le p_0$
n (Stichprobenlänge)
α (Signifikanzniveau)

Gesucht: kritischer Wert bzw. Entscheidungsregel

	für H_0 $0; \ldots; k-1$	gegen H_0 $k; \ldots; n$
H_0: $p \le p_0$		($\le \alpha$)

k ermitteln als kleinste natürliche Zahl mit $P_{p_0}^n(X \ge k) \le \alpha$

$\Leftrightarrow \quad 1 - P_{p_0}^n(X \le k-1) \le \alpha$

$\Leftrightarrow \quad P_{p_0}^n(X \le k-1) \ge 1 - \alpha$

Der Hersteller eines Beruhigungsmittels behauptet, dass sein Mittel in mindestens 90 % der Fälle erfolgreich wirkt. Es besteht der Verdacht, dass dies nicht zutrifft. Dazu werden 100 Benutzer des Mittels befragt. Die Irrtumswahrscheinlichkeit soll höchstens 5 % betragen.
Bestimmen Sie die zugehörige Entscheidungsregel.

Schritt 1:

X: Anzahl der Benutzer, bei denen das Mittel wirkt

H_0: $p \ge 0{,}9$ (linksseitiger Hypothesentest) $\quad \alpha = 0{,}05$

Gilt H_0, so ist X im Extremfall $B_{100;\,0,9}$-verteilt.

Schritt 2: Übersichtstabelle:

	gegen H_0 $0; \ldots; k$	für H_0 $k+1; \ldots; 100$	Benutzer, bei denen das Mittel wirkt
H_0: $p \ge 0{,}9$	($\le 0{,}05$)		

Schritt 3: Berechnen von k:

$P_{0,9}^{100}(X \le k) \le 0{,}05 \quad \Rightarrow \quad k = 84 \quad$ (Tabelle oder GTR)

$\Rightarrow$ Ablehnungsbereich: $\{0; \ldots; 84\}$ Annahmebereich: $\{85; \ldots; 100\}$

Entscheidungsregel: Geben höchstens 84 Benutzer bei der Befragung an, dass das Mittel bei ihnen wirkt, wird die Nullhypothese abgelehnt.

Stichwortverzeichnis

Analysis

Analytische Geometrie

Stochastik